각도와 길이로 만든
닮은 도형

나 소연 지음

탈레스가
들려주는
닮음 이야기

각도와 길이로 만든 닮은 도형

|주|자음과모음

수학자라는 거인의 어깨 위에서
보다 멀리, 보다 넓게 바라보는
수학의 세계!

수학 교과서는 대개 '결과'로서의 수학을 연역적으로 제시하는 경향이 강하기 때문에 학생들은 수학이 끊임없이 진화해 왔다는 생각을 하기 어렵습니다. 그렇지만 수학의 역사는 하나의 문제가 등장하고 그에 대해 많은 수학자들이 고심하고 이를 해결하는 가운데 새로운 아이디어가 출현해 온 역동적인 과정입니다.

'각도와 길이로 만든 닮은 도형'은 수학 주제들의 발생 과정을 수학자들의 목소리를 통해 친근하게 이야기 형식으로 들려주기 때문에 학생들이 수학을 '과거 완료형'이 아닌 '현재 진행형'으로 인식하는 데 도움이 될 것입니다.

학생들이 수학을 어려워하는 이유 중 하나는 '추상성'이 강한 수학적 사고와 '구체성'을 선호하는 학생의 사고 사이에 존재하는 간극이며, 이런 간극을 줄이기 위해서 수학의 추상성을 희석시키고 개념과 원리의 설명에 구체성을 부여하는 것이 필요합니다. 이 책은 수학 교과서의 내용을 생동감 있게 재구성함으로써 추상적인 수학을 구체성을 갖는 수학으로 변모시키고 있습니다. 또한 중간중간에 곁들여진 수학자들의 에피소드는 자칫 무료해지기 쉬운 수학 공부에 윤활유 역할을 해 줄 것입니다.

이 책의 구성을 보면 우선 수학자의 업적을 개략적으로 소개하고, 6~9개의 강의를 통해 수학 내적 세계와 외적 세계, 교실 안과 밖을 넘나들며 수학의 개념과 원리들을 소개한 후 마지막으로 강의에서 다룬 내용들을 정리합니다.

이런 책의 흐름을 따라 읽다 보면 각 시리즈가 다루고 있는 주제에 대한 전체적이고 통합적인 이해가 가능하도록 구성되어 있습니다. '각도와 길이로 만든 닮은 도형'은 학교 수학 교과 과정과 긴밀하게 맞물려 있으며, 수학자들이 들려주는 수학 이야기를 통해 학교 수학의 많은 내용들을 다룹니다. 예를 들어 라이프니츠가 들려주는 기수법 이야기에서는 수가 만들어진 배경, 원시적인 기수법에서 위치적 기수법으로의 발전 과정, 0의 출현, 라이프니츠의 이진법에 이르기까지를 다루고 있는데, 이는 중학교 수학의 기수법 내용을 충실히 반영합니다. 따라서 '각도와 길이로 만든 닮은 도형'을 학교 수학 공부와 병행하면서 읽는다면 교과서 내용의 소화 흡수를 도울 수 있는 효소 역할을 할 수 있을 것입니다.

홍익대학교 수학교육과 교수 | 《수학 콘서트》 저자 박경미

탈레스를 꿈꾸는 어린이들을 위한
'닮음' 이야기

탈레스는 최초의 수학자이자 철학자로 7현일곱 명의 현명한 사람의 하나로 잘 알려져 있습니다. 최초의 수학자라는 말을 듣는 탈레스이지만 태어날 때부터 수학을 잘하는 사람은 아니었어요.

탈레스는 평소에 주위 사물에 관심을 가지고 관찰하는 것을 무척 좋아했답니다. 그래서 천문에 관심이 있을 때는 하늘만 쳐다보고 다녔지요. 앞에 우물이 있는지도 모르고 빠지는 경우도 있었습니다. 이렇게 여러 사물에 관심을 많이 가지고 탐구하다 보면 여러분들도 탈레스처럼 수학을 잘할 수 있답니다.

닮음을 이해하는 과정은 먼저 주위의 사물 중 모양은 똑같은데 크기만 다른 것들을 찾아보는 과정에서 시작합니다. 주변의 물건들에서 닮음을 찾고 닮음인 도형 사이에 어떤 관계가 있는지 관심을 가진다면 닮음에 대해 잘 알 수 있게 될 것입니다. 그래서 이 책에서는 닮음의 뜻과 성질을 수학적인 도형의 특징에서 바로 알아보지 않습니다. 실생활의 물건이나 에펠탑, 피라미드와 같은 유명하고 우리에게 친숙한 건축물을 자세히 관찰하면서 닮음을 찾아보고 닮음인 도형의 성질을 알아보고자 합니다.

특히 닮음 중에서 삼각형의 닮음인 경우 먼저 두 삼각형의 길이나 각이 어떠한 관계가 있는지를 이해합니다. 평행한 선만 있어 닮음을 찾을 수 없는 경우에는 적당한 선을 그어 우리가 알고 있는 닮음이라는 수학적 내용을 활용할 수 있는 상황으로 변화시키는 과정을 배웁니다. 문제를 풀기 어려운 경우 첫 과정으로 수학적인 상황을 만들 수 있는 능력을 키울 수 있으며 초등학생이라도 어려운 문제를 쉽게 배울 수 있도록 하였습니다.

  이 책을 통해 탈레스가 닮음에 대해 관찰하고 알게 되었던 사실을 여러분들도 알고 이해할 수 있기를 바랍니다. 또한 우리 주변에서 수학적인 것을 찾아보는 기쁨도 함께 느낄 수 있었으면 합니다.

  나소연

차례

1 이 책은 달라요

《각도와 길이로 만든 닮은 도형》은 기원전 7세기경 활동했던 고대 그리스의 최초의 수학자 탈레스가 '닮음'의 뜻과 성질을 설명하는 장면으로 시작합니다. 그리고 각 나라의 대표적인 건축물을 이용하여 현재 수학 교과서에서 다루는 닮은 도형의 성질과 닮음조건 등을 알아보는 방식으로 전개됩니다.

우리의 일상생활에서 발견할 수 있는 자동차 바퀴나 피자, A4 종이와 같은 사물들에서 닮음을 찾아보며, 그 뜻과 성질을 쉽게 알 수 있게 하였습니다. 그리고 중학교 수학 교과에서 다루는 닮은 도형을 그리는 방법과 닮은 도형을 찾고 그 길이를 구하는 방법 등을 쉽게 설명하고 있습니다. 또한 닮은 도형을 찾는 방법을 응용하여 실제 건물에서 닮은 건물을 찾아봅니다. 그래서 알지 못하는 건물의 높이를 구하는 응용문제를 해결함으로써 수학이 실제 생활에서 쓰이는 경우를 알아보고 문제 해결의 재미를 느낄 수 있게 합니다.

2 이런 점이 좋아요

❶ 딱딱하게만 느껴지는 닮음의 뜻과 성질을 실생활에서 보는 물건이나 유명 건축물에서 찾아봄으로써 수학적 지식뿐 아니라 유명한 건축물에 대한 지식도 얻을 수 있습니다.

❷ 평행선이나 중점과 같은 조건이 있을 때 적당한 선을 그어 닮은 도형을 찾는 방법을 알 수 있습니다.

❸ 닮은 도형의 성질을 이용하여 닮음인 도형의 각과 변의 길이를 구함으로써 수학적인 문제 해결을 할 수 있습니다.

3 교과 연계표

학년	단원(영역)	관련된 수업 주제 (관련된 교과 내용 또는 소단원 명)
초등 4학년, 5학년, 6학년	측정	각도, 다각형의 둘레와 넓이, 직육면체의 겉넓이와 부피
	도형	삼각형, 사각형, 다각형, 합동과 대칭, 직육면체, 각기둥과 각뿔
	규칙성	비와 비율, 비례식과 비례배분
중등 전 학년	도형과 측정	기본 도형, 작도와 합동, 평면도형의 성질, 입체도형의 성질, 삼각형과 사각형의 성질, 도형의 닮음
	수와 연산	거듭제곱, 지수법칙

4 수업 소개

1교시 도형의 닮음

일상생활에서 얘기하는 '닮았다'라는 말과 수학에서의 '닮음'의 차이점을 알아봅니다. 또한 수학에서의 닮음을 실생활의 예를 통해 배우면서 자연스럽게 닮음에 대한 흥미를 가질 수 있습니다.

- 선행 학습 : 도형의 종류, 크기의 확대와 축소
- 학습 방법 : 일상생활에서 볼 수 있는 도형 두 개를 확대 또는 축소하여 그 모양이 일치하는지를 비교함으로써 두 도형이 닮음인지 알아보는 내용으로 전개됩니다. 따라서 모양을 비교해 가며 재미있게 읽어나가면 됩니다.

2교시 닮은 도형의 성질

실제 피라미드와 미니어처 테마파크에 있는 삼각형과 삼각뿔을 비교하여 닮은 도형의 성질을 알게 됩니다.

- 선행 학습 : 평면도형과 입체도형, 비의 뜻
- 학습 방법 : 두 도형의 변과 각을 비교하면서 닮음인지 아닌지 구별합니다. 대응각의 크기는 같게 하여야 하며 변의 길이를 비교할 때는 모든 대응하는 변의 길이의 비가 같은 지 비교해야 합니다.

3교시 닮은 도형 그리기

- 선행 학습 : 닮음의 뜻과 성질과 닮음비의 뜻, 대응점
- 학습 방법 : 주어진 도형과 닮음인 도형을 그리기 위해서는 먼저 닮음의 중심이 되는 점을 찍습니다. 그리고 그 중심점과 주어진 도형의 점을 닮음비만큼 연장해서 찍은 후 점들을 연결하면 닮음인 도형을 그릴 수 있습니다.

4교시 닮은 삼각형 찾기

- 선행 학습 : 삼각형의 합동조건, 비례식의 비의 값
- 학습 방법 : 주어진 삼각형이 닮음인지 확인하기 위해서는 먼저 대응각과 대응변을 비교해야 합니다. 두 삼각형의 세 변의 길이가 주어져 있으면 크기순으로 정리합니다. 후에 작은 삼각형은 작은 삼각

형끼리, 중간과 가장 큰 삼각형의 길이끼리 그 비를 구하여 모든 길이의 비가 같으면 닮음입니다. 두 변과 끼인각이 주어졌을 경우에는 끼인각을 둘러싼 두 변의 길이를 크기순으로 나열한 후에 작은 변과 큰 변끼리 비교하여 그 길이의 비가 같으면 닮음입니다. 각의 크기가 주어졌을 경우에는 세 각의 크기를 모두 구한 후 두 각의 크기가 같은지 비교합니다.

5교시 삼각형의 변과 평행한 선을 그어 닮은 삼각형 찾기

- **선행 학습** : 맞꼭지각, 동위각, 엇각
- **학습 방법** : 평행한 두 선 사이에 직선을 그으면 크기가 같은 동위각과 엇각이 생깁니다. 크기가 동일한 곳을 표시해 놓은 후 닮음인 삼각형을 찾아 주면 두 삼각형 사이에 일정한 길이의 비닮음비를 구할 수 있습니다. 또한 이 닮음비를 이용하여 삼각형의 모르는 변의 길이도 구할 수 있습니다.

6교시 삼각형의 중점 연결 정리

- **선행 학습** : 중점
- **학습 방법** : 삼각형의 두 변의 중점을 연결하면 닮음비가 1:2이고 닮음인 삼각형이 생깁니다. 두 삼각형의 닮음비가 1:2라는 것을 이용하면 모르는 변의 길이를 구할 수 있습니다.

7교시 닮은 도형의 둘레의 길이의 비, 넓이비, 부피비

- **선행 학습** : 도형의 둘레의 길이, 넓이, 부피, 단위 $1cm^2$와 $1cm^3$

- **학습 방법** : 닮은 도형의 닮음비가 주어지면 도형들의 둘레의 길이
는 닮음비와 같고, 넓이의 비는 닮음비의 숫자를 두 번 곱하는 것과
같고, 부피의 비는 닮음비의 숫자를 세 번 곱하는 것과 같습니다.

탈레스를 소개합니다

Thales (?~?)

안녕하세요?

나는 그리스의 밀레토스에서 온 탈레스라고 합니다. 그리스는 무역이 무척 발달하여 매우 부유하고 생활의 여유가 있는 사람들이 많이 살고 있습니다. 그리고 신전과 같은 수많은 유적뿐만 아니라 아름다운 푸른 바다와 예쁜 건축물들도 있답니다.

이렇게 아름다운 그리스에 살기 때문에 나는 수평선을 보며 이것저것 많은 생각을 하는 것을 좋아하게 되었습니다.

그리고 그 생각들을 다른 사람들과 이야기하는 것을 좋아해요. 그래서 사람들이 나를 최초의 철학자라 부르기도 합니다.

여러분, 나는 탈레스입니다

나는 언제나 "왜 그럴까?", "어떻게 그렇게 될까?"라는 생각을 하고 주위의 것들에 대한 호기심이 많았어요. 그래서 호박빛이 나는 보석을 문질러 정전기를 일으켜 보기도 하고 자석을 금속에 가까이 가져가서 자석이 금속을 끌어당기는 성질이 있다는 것도 알게 되었어요.

한번은 게으름 피우는 당나귀의 버릇을 고쳐 준 적도 있습니다. 어떻게 고쳐 주었느냐고요? 그 당나귀는 소금을 나르고 있었는데, 하루는 강을 건너던 당나귀가 실수로 빠지게 되어 싣고 가던 소금이 모두 물에 녹았어요. 이후에 짐이 가벼워졌다는 것을 안 당나귀가 꾀를 부려 강을 건널 때마다 넘어져서 강에 빠지는 거예요. 그래서 내가 소금의 무게와 같은 다른 짐을

주고 강을 건너게 했어요. 그랬더니 당나귀가 소금인 줄 알고 또 강에 빠졌지만 소금이 아니어서 녹지 않고 오히려 짐이 물에 젖어 더 무거워지게 되었습니다. 그때부터 당나귀는 물에 절대 빠지지 않았어요.

그리고 나는 별과 우주에도 관심이 많았어요. 그래서 밤하늘의 별을 보며 별에 대한 생각을 하다 웅덩이에 빠진 적도 있습니다. 이렇게 별을 관측하고 생각한 결과 지구가 둥글다는 것도 알아내고 달이 태양을 가려 어두워지는 일식이 5월 28일에 일어난다고 예언하기도 했어요. 메디아와 리디아가 전쟁을 할 때 내가 예언한 일식이 일어나서 사방이 어두워진 후 두 나라가 전쟁을 끝낸 덕분에 내가 일식을 예언한 것이 아주 유명해지기도 했답니다.

또 다른 관심은 수학입니다. 주위에서 쉽게 볼 수 있는 원, 삼각형, 사각형과 같은 도형이나 점, 선, 면, 직각을 다루는 기하학을 좋아했습니다. 열심히 연구한 결과 이등변삼각형의 두 각이 같다는 것과 삼각형의 세 내각의 크기의 합은 $180°$라는 것도 알아냈지요. 그래서 나는 최초의 수학자라고 불리기도 합니다. 한 번은 상인이었던 아버지를 따라 이집트에 간 적이 있는데 거대한 피라미드의 높이가 얼마일까라는 호기심을 작은 막대 하나로 해결한 적도 있어요. 작은 나무로 피라미드의 높이를 잰 것에 대해 이집트의 아마시스 왕도 놀랐다고 합니다.

탈레스라는 내 이름을 들으면 사람들은 창의적이다, 생각이 많다, 주변 사물들에 호기심이 많다, 최초의 철학자·수학자라는 말을 합니다. 그렇게 불리게 된 가장 큰 이유는 작은 막대로 피라미드의 높이를 재고 호박으로 정전기를 일으키는 등 호기심이 많았기 때문입니다. 여러분이 내 수업을 들으며 주위에 있는 건물들에 어떤 도형이 숨어 있는지 또는 세계의 유명한 건물들에 얼마나 재미있고 신기한 도형의 성질이 숨어 있는지 알 수 있었으면 합니다.

자! 그럼 나와 재미있는 도형의 성질인 '닮음'에 대해 함께 여행하기로 해요!

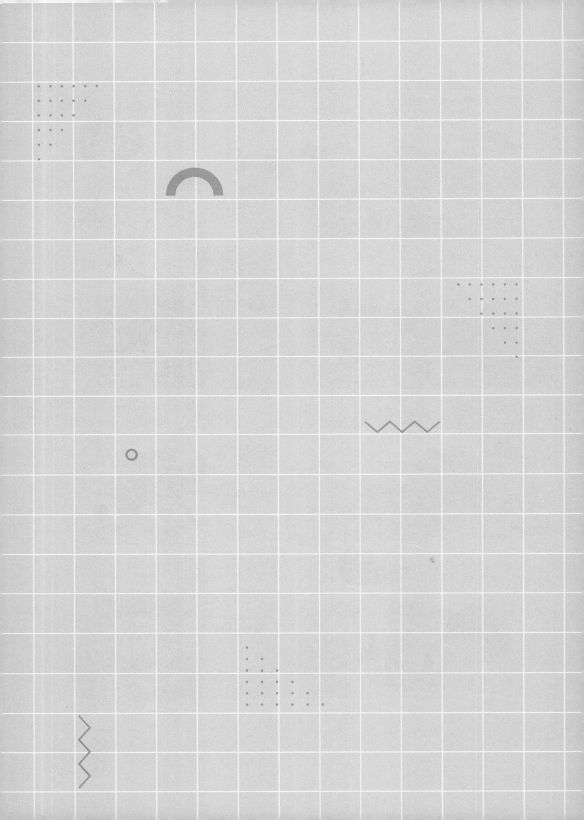

1교시

도형의
닮음

일상생활에서 말하는 '닮았다' 와
수학에서 '닮음' 이란 어떤 차이가 있을까요?
도형의 닮음에 대해 알아봅시다.

1. 일상생활에서 쓰는 '닮았다' 와 수학에서의 '닮음' 의 차이를 알 수 있습니다.
2. 수학에서의 닮음의 뜻을 알 수 있습니다.

미리 알면 좋아요

1. **확대** 모양이나 크기를 크게 하는 것.

   모든 크기를 똑같이 확대할 수도 있고 부분마다 다르게 확대하는 것도 가능
   합니다. 예를 들어, 사탕 그림 의 크기를 확대해 봅시다.

   • 가로, 세로의 길이를 똑같이 두 배로 확대 ➡

   • 가로의 길이를 세 배, 세로를 두 배로 부분마다 다르게 확대 ➡

2. **축소** 모양이나 크기를 줄여 작게 하는 것.

   확대할 때와 마찬가지로 모든 크기를 똑같이 축소할 수도 있고 부분마다
   다르게 축소할 수도 있습니다.

3. **합동** 모양과 크기가 같아서 완전히 포개지는 두 도형.

   이 그림은 종이를 반으로 접어 한 면에 물감을 칠하고 다른
   면을 눌렀다가 떼면 양쪽에 같은 그림이 생기는 데칼코마니
   입니다. 데칼코마니의 왼쪽과 오른쪽의 그림은 반으로 접으
   면 완전히 포개어지며 같은 그림입니다. 즉 그림의 왼쪽과 오른쪽에 있는 그림
   은 합동입니다.

탈레스의
첫 번째 수업

오늘은 도형의 닮음에 대해 이야기를 하도록 하겠습니다.

'너는 네 엄마를 꼭 빼닮았어.'라는 말을 들어 본 사람이 있을 거예요. 이처럼 일상생활에서 쓰는 '닮았다'의 뜻을 우선 살펴봅시다.

다음의 사진처럼 쌍둥이는 닮았다는 말을 쓰지요? 또는 닮은  꼴 연예인이라는 말도 있습니다. 명절 때 TV를 보면 일반인들 중에서 연예인과 닮은 사람들이 나오는 프로그램도 있습니다.

쌍둥이나 닮은꼴 연예인이라는 말처럼 사람의 생김새가 닮았다는 말은 엄마와 나의 얼굴이 비슷해 보이거나 쌍둥이의 모습이 비슷하게 생긴 것을 말합니다. 하지만 쌍둥이의 모습이 비슷하더라도 점이 있다거나 눈의 모양이 조금 다르다는 등의 특징이 있습니다.

수학에서의 닮음도 생김새가
닮았다는 것과 비슷한 뜻이 있
지만 약간의 차이가 있습니다.
미니어처 테마파크를 구경하면

서 실제 건축물과 비교하고 수학에서의 닮음이 어떤 뜻인지 알
아보기로 하지요. 주위를 둘러봐 주세요.

서울에는 경복궁이 있고 경주에 가면 불국사가 있죠? 미국 하
면 자유의 여신상이 떠오르고 프랑스 하면 에펠탑이 떠오릅니다.
이웃 나라인 중국을 떠올리면 만리장성이 생각나지요. 미니어처
테마파크는 어떤 나라를 대표하는 유명한 건축물이나 세계문화
유산의 모양을 정확히 $\frac{1}{25}$로 축소하여 전시해 놓은 곳입니다.

처음 가 볼 곳은 프랑스의 대표적인 건축물들이 있는 프랑스
존입니다.

지금 보고 있는 건축물은 파리의
에펠탑입니다.

에펠탑이라는 이름은 1889년의
파리 만국 박람회를 위해 에펠이라

는 건축가가 지었기 때문에 붙여지게 되었습니다. 19세기 말에

는 당시 전 세계의 모든 건축물들보다 두 배나 높은 324m 높이를 자랑했어요. 세계에서 가장 높은 건축물이었지요. 강철로 만들어진 데다 높이 솟아 있어 파리의 경관을 해친다는 이유로 철거하자는 사람들도 있었습니다. 하지만 무전탑이나 텔레비전 송신기의 역할을 위해 남겨 놓게 되었고 지금은 파리에 없어서는 안 될 대표적인 건축물이 되었습니다. 전 세계의 관광객들이 에펠탑을 보기 위해 파리로 온답니다.

본래의 건물을 축소하여 만들었으므로 미니어처라고 부르겠습니다. 이 미니어처를 25배 확대하면 실제 파리의 에펠탑과 완전히 같아집니다. 마찬가지로 파리의 에펠탑을 $\frac{1}{25}$로 축소하면 우리가 생각한 미니어처가 됩니다.

미니어처 에펠탑과 파리의 에펠탑과 같이 일정한 크기로 확대·축소하여 완전하게 같은 것이 되는 것, 즉 합동이 되는 두 도형을 닮은 도형이다 또는 닮음인 관계에 있다라고 합니다.

두 도형이 합동이 되기 위해서는 한 도형을 반드시 일정한 비율로 확대·축소해야 합니다.

 지금 보고 있는 탈은 안동시 하회 마을에 전해 내려오며 현존하는 가장 오래된 탈놀이 가면인 하회탈[1]입니다.

이 탈을 가로는 세 배 확대하고 세로는 두 배로 확대하여 그려 봅시다.

메모장

[1] 하회탈 경상북도 안동시 하회 마을에 전해 내려오는 탈로서, 현존하는 가장 오래된 탈놀이 가면이다. 모두 11개가 전해지는데 주지 2개, 각시, 중, 양반, 선비, 초랭이, 이매, 부네, 백정, 할미탈이 있다.

가로 : 세 배
세로 : 두 배

두 탈이 비슷하게 닮았습니다. 하지만 확대하기 전의 탈은 길쭉하고 확대한 후의 탈은 동그랗기 때문에 똑같은 모양은 아닙니다. 수학에서의 닮음은 어떤 도형이나 그림을 일정한 크기로 확대하면 합동이 되어야 합니다. 따라서 작은 탈을 일정한 크기로 확대했을 때 큰 탈과 겹쳐져야 합니다. 하지만 지금은 가로와 세로를 똑같은 크기로 확대하지 않았기 때문에 일정한 비율로 확대하더라도 겹쳐지지 않으며, 따라서 닮음이 아닙니다.

탈을 가로 두 배, 세로 두 배 확대, 즉 두 배라는 같은 비율로 똑같이 확대하여야만 닮음이 됩니다.

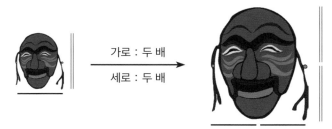

가로 : 두 배
세로 : 두 배

두 탈은 닮음이다.

얼굴 생김새가 닮았다는 것도 그 모습이 비슷할 뿐입니다. 확대나 축소를 해도 반드시 똑같아지진 않습니다. 수학에서 두 도형이 '닮음이다'라는 것은 두 도형을 동일한 비율, 즉 일정한 크기로 확대 또는 축소하였을 때 합동이 되는 것을 말합니다.

"그럼 여기 있는 건축물들처럼 우리가 알고 있는 원, 사각형 등의 도형들도 닮음인 것들이 있나요?"

그럼요. 우리 주변에는 닮음인 도형들이 아주 많이 있답니다. 내가 들고 있는 CD를 보세요.

 CD의 바깥쪽 모양과 안쪽 모양이 모두 원 모양입니다. 바깥쪽 원을 축소하면 안쪽의 원과 합동이 됩니다. 마찬가지로 CD의 안쪽의 원을 확대하면 바깥쪽 부분의 원과 합동이 됩니다. 따라서 CD의 바깥쪽 부분의 원과 안쪽의 원은 닮음입니다.

홀라후프와 자동차 바퀴를 봅   시다. 홀라후프의 원 모양을 축소 하면 자동차 바퀴의 원과 합동이 됩니다. 자동차 바퀴의 원 모양을 확대해도 홀라후프와 합동이 됩니다. 따라서 홀라후프와 자동차 바퀴는 닮음입니다.

"CD도 원이고 홀라후프와 자동차 바퀴도 다 원이잖아요. 그럼 모든 원은 닮음인가요?"

정말 좋은 질문이에요. 그림에서 본 것처럼 CD의 안과 밖의 원, 홀라후프, 자동차 바퀴를 보면 모두 원의 모양입니다. 이 원들은 일정한 크기로 확대·축소하면 모두 합동이 되기 때문에 원 모양의 도형들은 모두 닮음입니다.

지금 여러분이 보고 있는 것이 무엇

이죠?

"피자예요."

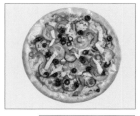

네, 레귤러와 라지 사이즈의 피자입

니다. 원은 모두 닮음이니까 두 사이즈의 피

자는 닮음입니다. 보통 피자를 원 모양 그대

로 먹지 않고 조각내서 먹

죠? 자, 이것은 피자를 8조각 낸 것 중 하나입

니다.

이처럼 원의 중심을 지나게 자른 모양을 부채꼴이라고 해요.

따라서 이 피자 조각도 부채꼴입니다. 이번에는 중심각의 크기

가 같은 부채꼴을 비교할 거예요.

이것은 레귤러 사이즈와 라지 사이즈 피자를 각각 8개 조각
으로 나눈 두 부채꼴 모양의 조각 피자입니다.

원의 반지름이 만들고 있는 각, 즉 부채꼴의 중심각의 크기
를 구해 봅시다.

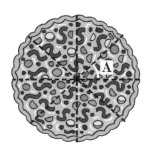

각 A는 360°를 8개 나눈 부분 중 하
나이므로 $360° \times \frac{1}{8} = 45°$라는 것을 알
수 있습니다.

레귤러 피자 조각과 라지 피자 조각은
중심각이 45°로 같아요. 그리고 두 조각

모두 닮음인 원의 $\frac{1}{8}$ 조각이에요. 그러므로 레귤러 피자 조각을 확대하면 라지 피자 조각이 됩니다.

"그러면 모든 부채꼴은 닮음인가요?"

아니요, 항상 그렇지는 않습니다. 피자 조각이 부채꼴 모양이라고 했죠? 레귤러 사이즈 피자를 6개 조각으로 나눈 것과 라지 피자를 8개 조각으로 나눈 것을 비교하면 두 부채꼴이 닮음인지 아닌지 알 수 있습니다. 그럼 레귤러 사이즈와 라지 사이즈 피자를 조각내어 봅시다.

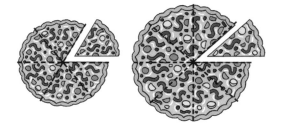

레귤러 사이즈 피자 조각을 확대해서 라지 사이즈 피자 조각이 되면 닮음입니다. 6개로 조각낸 것을 확대하면 8개 조각낸 것과 똑같을까요?

"아니요, 달라요."

　왼쪽은 레귤러 사이즈를 라지 사이즈로 확대하여 6개 조각으로 나눈 것입니다. 오른쪽의 라지 사이즈 8개 조각과 크기가 다르죠? 즉 6개로 나눈 조각과 8개로 나눈 조각은 닮음이 아닙니다.

　부채꼴이 닮음인지 아닌지 알 수 있는 쉬운 방법은 두 조각의 중심각을 비교하는 거예요.

　6개로 나뉜 조각 피자의 중심각은 360°를 6개로 나눈 부분 중 하나이므로 $360° \times \dfrac{1}{6} = 60°$입니다.

　8개로 나뉜 조각 피자의 중심각은 360°를 8개로 나눈 부분

중 하나이므로 $360° \times \dfrac{1}{8} = 45°$

6개 조각은 중심각이 60°이고 8개 조각은 45°로 중심각이 다르죠? 이렇게 중심각이 다른 부채꼴은 닮음이 아닙니다. 레귤러 사이즈와 라지 사이즈 피자를 똑같이 6개 조각으로 나누거나 똑같이 8개 조각으로 나누어야 닮음이 돼요. 즉, 중심각의 크기가 같아야 닮음이 되는 것입니다.

자, 이번에는 사각형 모양 중에서 닮음인 것을 찾아보겠습니다. 지금 들고 있는 종이를 A4라고 해요. 이 종이의 이름이 A4인 이유는 A라는 크기의 종이를 4번 잘랐다는 뜻입니다.

우선 종이가 어떻게 만들어졌는지 볼까요?

A라는 큰 종이를 반으로 자릅니다. 그럼 그 크기는 A2가 돼요. 그리고 A2를 반으로 자르면 A3, A3를 반으로 자르면 A4가 됩니다.

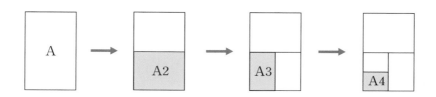

특정한 크기의 종이를 쉽게 만들기 위해서 A라는 종이를 반으로 나누어 필요한 종이의 크기를 만드는 거예요. A를 반으로 자르면 A2 크기의 종이가 두 개 만들어지므로 남아서 버려지는 부분이 없습니다. 마찬가지로 A3 크기의 종이를 반으로 나누면 A4 두 개가 되므로 종이가 남아서 버리는 부분이 없습니다. 크기도 쉽게 구하고 종이의 버릴 부분이 없어서 절약도 가능한 일석이조의 효과가 있겠죠?

우리가 많이 사용하는 직사각형 모양의 A4 종이를 봅시다.

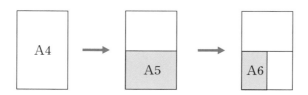

A4 종이를 반으로 접으면 A5 종이가 되고 A5를 다시 반으로 접으면 A6가 됩니다.

A4와 A6를 비교해 봅시다.

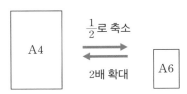

A4의 모든 변을 $\frac{1}{2}$로 축소하면 A6가 되고 A6의 모든 변을 2배 확대하면 A4가 됩니다. 즉 A4와 A6는 닮음입니다.

수학의 닮음을 볼 수 있는 예는 이 밖에도 우리 주위에서 많이 볼 수 있습니다. 색종이와 학 접는 종이, 탁구공과 지구본의 구, 비눗방울과 축구공, 아이스크림 통, 러시아 인형 마트료시카 등이 있습니다.

색종이와
학 접는 종이

탁구공과
지구본의 구

아이스크림 통

마트료시카

탈레스가 두 개의 삼각형을 꺼내 들었습니다.

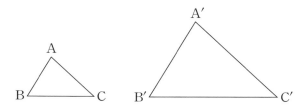

△ABC를 2배 확대한 것이 △A′B′C′입니다. 이때 △ABC와 △A′B′C′를 닮음이라고 하고 다음과 같이 기호로 나타냅니다.

$$\triangle ABC \backsim \triangle A'B'C'$$

닮음을 나타내는 기호 ∽가 영어 S와 비슷하게 생겼죠? 이는 닮음의 기호가 영어 Similar뜻:닮은의 첫 글자를 따서 옆으로 눕힌 것이기 때문입니다.

그럼 다음 두 개의 사각형 ABCD와 EFGH가 닮음이라는 것을 기호로 써 봅시다.

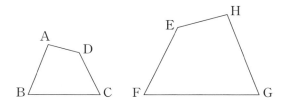

$$\square ABCD \backsim \square HGFE$$

두 도형의 닮음을 기호로 나타낼 때는 꼭짓점의 순서를 맞춘다는 것에 주의해야 합니다. 닮음을 나타낼 때 □EFGH와 같이 점 E, F, G, H의 이름을 알파벳 순서대로 하여 사각형 이름을 쓰지 않고 □HGFE라고 쓴 것은 꼭짓점 A는 H에, B는 G에, C는 F에, D는 E에 대응하기 때문에 대응하는 순서에 맞추어 쓴 것입니다.

닮음인 도형이 어떤 것인지 이제 알 수 있겠죠?

쏙쏙 이해하기

한 도형을 일정한 비율로 확대·축소하여 다른 도형과 합동이 될 때 이 두 도형을 닮음이라고 합니다.

우리 주위를 둘러보면 더 많은 닮은 도형이 있습니다. 눈을 크게 뜨고 한번 찾아보도록 합시다. 다음 시간에는 색종이와 학 접는 종이와 같이 평면도형에서의 닮음, 탁구공과 지구본의 구와 같은 입체도형에서의 닮음이 어떤 성질을 가지는지에 대하여 알아보도록 하겠습니다.

수업 정리

❶ 일상생활에서 쓰는 '닮았다'라는 말은 생김새나 모양이 비슷할 때 씁니다. 하지만 수학에서의 '닮음'은 어떤 도형을 일정한 크기로 확대 또는 축소하여 그 모양이 완전히 포개지는 합동이 되는 상태를 말합니다.

❷ 삼각형 ABC와 삼각형 DEF가 닮음일 때, 기호로 △ABC ∽ △DEF라고 나타냅니다.

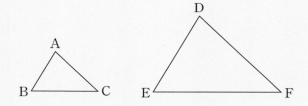

닮은 도형의 성질

닮은 도형들 사이에는 어떤 성질이 있을까요?
평면도형과 입체도형에서 닮은 도형의 성질을 알아봅시다.

1. 평면도형에서 닮은 도형의 대응하는 변과 대응하는 각의 관계를 알 수 있습니다.
2. 입체도형에서 닮은 도형의 대응하는 변과 대응하는 면의 관계를 알 수 있습니다.

미리 알면 좋아요

1. **대응** 두 도형을 완전히 포개 놓을 때 서로 겹쳐지는 꼭짓점, 변, 각 등은 서로 대응한다고 합니다.

예를 들어, 아래 그림처럼 큰 삼각형을 똑같이 잘라 만든 삼각형 ABC와 삼각형 DEF에서,

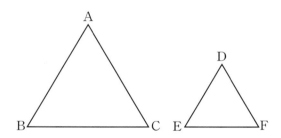

- 대응하는 꼭짓점은 A와 D, B와 E, C와 F
- 대응하는 변은 변 AB와 변 DE, 변 BC와 변 EF, 변 AC와 변 DF
- 대응하는 각은 각 A와 각 D, 각 B와 각 E, 각 C와 각 F입니다.

2. **평면도형** 평면에 그려진 도형.
예를 들어, 삼각형△, 사각형□, 원○, 부채꼴▽과 같이 평면에 그려진 도형을 말합니다.

3. **입체도형** 점·선·면을 기본으로 하여 부피를 가진 도형.
예를 들어, 구, 원기둥, 원뿔, 각기둥, 각뿔 등 공간 내에 있는 각종 도형을 말합니다.

4. **비** 어떤 양이 다른 양의 몇 배인가를 나타내며 측정 범위가 같은 두 양을 비교하는 것.
예를 들어, 여학생을 기준으로 하여 남학생 수 3명과 여학생 수 2명을 비교하는 것을 3 : 2로 나타내고, 3대 2라 읽고, 3과 2의 비라고 합니다.
비 3 : 2에서 3, 2를 비의 항이라 하고, 앞의 3이 전항, 뒤의 2가 후항입니다.

탈레스의
두 번째 수업

오늘은 닮은 도형의 성질에 대해 이야기하겠습니다.

미니어처 테마파크를 견학하면서 여러분과 함께 할 친구를
소개할게요.

저는 여러분들과
미니어처 테마파크 견학을
함께할 스핑크스라고 합니다.
이집트 피라미드의 수호자로 잘
알려져 있지요. 저와 함께 닮음에
대해 즐겁게 알아보기로 해요.

스핑크스와 함께하는 오늘의 수업이 이루어지는 곳은 미니
어처 테마파크의 아프리카존입니다. 아프리카존에는 세계 최
고의 화산인 킬리만자로산, 이집트 왕조에 흔치 않은 여왕인
하트셉수트의 신전, 이집트의 위대한 왕이라 불리는 파라오가
지은 아부심벨 신전이 있습니다. 지금 우리가 온 곳은 이집트
를 대표하는 왕의 무덤인 피라미드가 있는 곳입니다.

지금 보고 있는 것은 이집트의 기자Giza 지역에 있는 카프레
왕의 피라미드와 스핑크스의 미니어처로 실제 모양을 $\frac{1}{25}$로
축소하여 만든 것입니다.

이집트의 기자라는 지역에
는 3개의 유명한 피라미드가
있어요. 제1피라미드라고 불
리는 쿠푸 왕의 피라미드와
제2피라미드라고 불리는 쿠
푸 왕의 아들 카프레 왕의 피라미드, 그리고 쿠푸 왕의 손자 멘
카우레 왕의 피라미드인 제3피라미드가 있습니다.

이 중 가장 보존이 잘 되어 있는 피라미드가 여러분들이 보고
있는 카프레 왕의 피라미드입니다. 앞에 있는 스핑크스는 스핑

크스들 중 가장 커서 대스핑크스라 불리는 것으로 카르파 왕의
얼굴을 본떠서 얼굴을 만들었다고 합니다.

지난 시간에 배운 내용을 한번 살펴볼까요?

지금 보이는 미니어처 피라미드는 실제 피라미드를 축소한
것이라고 했습니다. 이렇게 일정한 크기로 축소한 피라미드와
실제 피라미드의 관계는 무엇일까요?

"닮음입니다."

네, 맞습니다. 그러면 이번 시간에는 삼각형과 같은 평면도형
이나 피라미드와 같은 입체도형의 닮음의 성질에 대해 알아봅
시다.

닮음인 두 평면도형

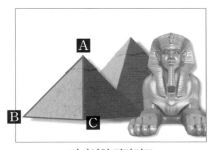
미니어처 피라미드

실제 피라미드

미니어처 피라미드와 실제 피라미드의 앞면의 삼각형을 봅시다.

실제 피라미드를 $\frac{1}{25}$로 축소하여 미니어처 피라미드를 만들었어요. 그래서 삼각형 A′B′C′를 $\frac{1}{25}$로 축소하여 삼각형 ABC가 됩니다. 즉 두 삼각형 ABC와 A′B′C′는 닮음입니다.

$$\triangle ABC \backsim \triangle A'B'C'$$

삼각형 ABC의 변 AB를 25배 확대하면 변 A′B′가 되죠? 이때 변 AB와 변 A′B′를 대응변이라고 합니다.

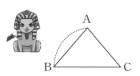

저는 A부터 B까지 한 걸음에
갈 수 있어요!

그럼 스핑크스야! 변 AB의 대응변 A′B′를 똑같은 걸음으로 한번 걸어 볼까?

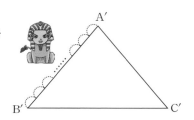

저는 A′부터 B′까지 25걸음
가야 해요!

변 AB를 한 걸음이라고 할 때 변 A′B′가 25걸음이 되는 이유는 미니어처 피라미드를 25배 확대할 경우 실제 피라미드가 되기 때문입니다. 그래서 스핑크스가 한 걸음으로 변 AC를 걸으면 변 AC의 대응변 A′C′는 25걸음이 되고, 변 BC를 한 걸음으로 하면 변 BC의 대응변 B′C′는 25걸음이 되는 것입니다.

즉 미니어처의 변을 한 걸음으로 하면 실제 변은 25걸음이 되므로 대응변의 길이의 비는 모두 1:25입니다.

따라서 닮음인 평면도형에는 다음과 같은 성질이 있음을 알 수 있습니다.

닮음인 두 평면도형은 대응하는 변의 길이의 비가 일정하다.

대응변의 길이의 비가 일정하다는 것은 모든 변을 똑같은 비율로 확대·축소하였다는 것입니다. 여기서 미니어처와 실제 피라미드의 길이의 비 1:25를 두 삼각형의 닮음비[2]라고 합니다.

메모장

❷ 닮음비 닮은 다각형의 대응하는 부분의 비를 말한다. 두 개의 다각형이 닮은꼴이면 그 대응변의 비는 닮음비와 같다.

이번에는 삼각형 ABC와 삼각형 A′B′C′의 대응각을 구해 봅시다.

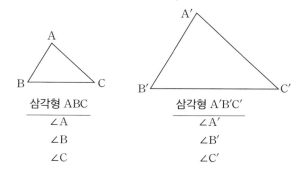

삼각형 ABC   삼각형 A′B′C′

∠A   ∠A′
∠B   ∠B′
∠C   ∠C′

삼각형의 대응각끼리 겹치게 놓아 봅시다.

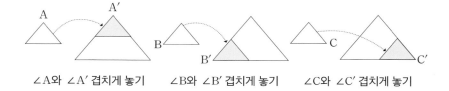

∠A와 ∠A′ 겹치게 놓기　∠B와 ∠B′ 겹치게 놓기　∠C와 ∠C′ 겹치게 놓기

대응하는 각이 똑같이 포개지고 있으므로 $\angle A = \angle A'$, $\angle B = \angle B'$, $\angle C = \angle C'$입니다.

따라서 닮음인 평면도형에는 다음과 같은 성질이 있음을 알 수 있습니다.

닮음인 두 평면도형은 대응하는 각의 크기가 같다.

지금까지 배운 닮음인 평면도형의 성질을 생각하며 다음 사진에서 닮음인 것을 찾아보도록 합시다.

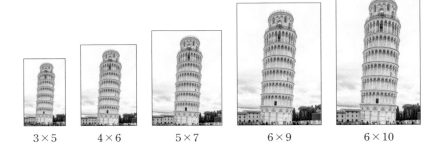

| 3×5 | 4×6 | 5×7 | 6×9 | 6×10 |

이 사진은 이탈리아의 피사의 사탑 미니어처를 찍어서 다양한 크기로 출력한 것입니다.

사진의 크기를 나타낸 것에 3×5란 표시가 보이죠? 이것은 가로의 길이와 세로의 길이를 가로의 길이 × 세로의 길이로 나타낸 것이고 길이의 단위는 인치in입니다. 즉 3×5는 가로는 3인치, 세로는 5인치인 크기를 말합니다.1인치는 약 2.54cm 정도의 크기입니다.

사진의 그림이 모두 비슷하니까 무턱대고 닮음이라고 생각하면 안 돼요. 사람의 생김새의 닮음과 수학에서의 닮음은 다르다고 했죠?

어떤 도형들이 닮음인 도형이기 위해서는 다음의 두 가지 조건을 만족해야 합니다.

닮음인 두 평면도형은

1. 대응하는 변의 길이의 비대응비가 일정하다.

2. 대응하는 각의 크기가 각각 같다.

대응변과 대응각을 생각하면서 사진이 닮음인지 아닌지 구별하기 위해 두 장씩 비교를 할 거예요. 모든 사진은 직사각형이므로 대응각은 90°로 같습니다. 따라서 대응변의 길이의 비가 일정한 것을 찾으면 됩니다.

3×5와 6×10의 사진이 닮음인지 아닌지 알기 위해 길이의 비를 구해 봅시다.

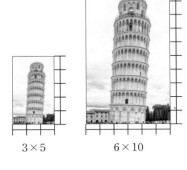

두 사진의 가로의 길이가 각각 3인치와 6인치이므로 닮음비가 1:2입니다.

마찬가지로 두 사진의 세로의 길이가 각각 5인치, 10인치이므로 닮음비가 1:2입니다.

3×5   6×10

두 사진의 닮음비가 1:2로 일정하므로 두 개의 사진 3×5와 6×10이 닮음이라는 것을 알 수 있습니다.

이번에는 4×6과 6×9의 길이의 비를 구해 봅시다.

가로 길이의 비를 구하면 4:6이므로 닮음비가 2:3이 됩니다.

세로 길이의 비는 6:9이므로 닮음비가 2:3이 됩니다.

4×6   6×9

따라서 5개의 사진 중에서 3×5와 6×10이 닮음이고, 4×6과 6×9가 닮음이라는 것을 알 수 있습니다.

"선생님, 3×5 사진을 2배와 3배로 확대하면 6×10 크기의 사진, 9×15 크기의 사진을 구할 수 있잖아요. 이렇게 확대한 사진이 위에 있는지 찾아서 3×5 사진과 닮음인 사진이 6×10 사이즈의 사진임을 알게 되었거든요. 이렇게 해도 닮음인 사진을 구할 수 있나요?"

그럼요, 아주 좋은 생각입니다. 주어진 도형을 확대·축소하여 합동인 도형을 만들 수 있을 때 닮음이라고 했습니다.

사진을 확대해서 닮음인지 아닌지 구분해 봅시다.

3×5 사진을 2배, 3배 확대해 봅시다.

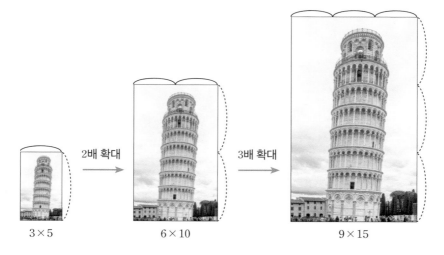

3×5   2배 확대   6×10   3배 확대   9×15

따라서 3×5 사진과 6×10 사진은 닮음입니다.

그럼 3×5 사진과 6×9 사진은 닮음인지 알아볼까요?

3×5 사진과 6×9 사진의 가로 길이를 비교하면 3인치와 6인치입니다. 3인치를 2배 하면 6인치가 되

3×5

6×9

므로 가로의 길이는 2배 확대되었습니다. 하지만 세로의 길이를 비교하면 5인치와 9인치이므로 2배 확대된 것이 아닙니다.

즉, 가로와 세로가 똑같은 크기로 확대된 것이 아니므로 닮음이 아닙니다.

닮음인 두 입체도형

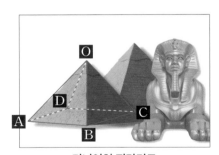
미니어처 피라미드

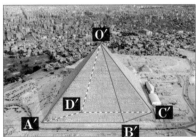
실제 피라미드

미니어처 피라미드 O−ABCD와 실제 피라미드 O′−

A′B′C′D′를 봅시다. 피라미드 O′−A′B′C′D′는 O−ABCD를 25배 확대한 것이며 닮음비가 1:25입니다.

피라미드 O−ABCD의 모서리 OA를 25배 확대하면 모서리 O′A′가 됩니다.

$$OA:O′A′=1:25$$

피라미드 O−ABCD를 25배 확대하면 피라미드 O′−A′B′C′D가 되므로 OA와 O′A′처럼 대응하는 모서리를 구해 보면 모서리의 길이의 비가 1:25로 일정합니다.

1:25를 두 입체도형의 닮음비라고 합니다.

피라미드 O−ABCD와 피라미드 O′−A′B′C′D의 대응하는 면을 모두 구해 봅시다.

O−ABCD	O′−A′B′C′D
△OAB	△O′A′B′
△OBC	△O′B′C′
△OCD	△O′C′D′
△ODA	△O′D′A′
□ABCD	□A′B′C′D′

피라미드 O−ABCD의 면을 모두 25배 확대하면 피라미드 O′−A′B′C′D′의 대응하는 면이 됩니다.

지금까지 알아본 것을 정리하면 닮음인 입체도형은 다음의 성질을 갖는다고 할 수 있습니다.

이해하기

- 대응하는 변의 길이의 비대응비가 일정하다.
- 대응하는 면은 닮은 도형이다.

자, 이번에는 미니어처 테마파크의 다른 곳으로 이동해 봅시다. 여기에 보이는 그림은 치첸이트사로 마야 문명에서 종교적 의미를 갖는 유적지입니다. 지금 보이는 건축물은 총 9개의 층으로 이루어진 높이 30m의 엘 카스티요El Castillo, 성채라는 뜻의 스페인어를 그려 놓은 것입니다. 이 엘 카스티요의 꼭대기에는 별들의 움직임과 춘분❸, 추분❹ 등을 정

메모장

❸ 춘분 태양이 남에서 북으로 천구天球의 적도와 황도黃道가 만나는 점춘분점을 지나가는 3월 21일경을 말한다. 이 날은 밤낮의 길이가 같지만, 실제로는 태양이 진 후에도 얼마간은 빛이 남아 있기 때문에 낮의 길이가 약간 더 길다.

❹ 추분 태양이 북에서 남으로 천구의 적도와 황도가 만나는 곳추분점을 지나는 9월 23일경을 말한다. 낮과 밤의 길이가 같아진다.

확하게 관찰할 수 있는 천문대가 있어요. 지금보다 1000여 년 전인데도 정확한 수학과 천문학의 지식을 사용했습니다. 또한 마야 문명 시대의 건축물 중에서도 아름다운 건물로 꼽히고 있답니다.

이제 여러분은 엘 카스티요와 같은 성채를 만들 거예요. 우선 이 도형을 봐 주세요.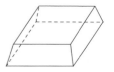

아랫면과 윗면이 정사각형으로 평행하죠? 이것은 지금 보고 있는 아랫면이 정사각형이고 위가 뿔인 정사각뿔을 밑면과 평행하게 자른 정사각뿔대입니다.

정사각뿔대와 닮음인 정사각뿔대를 4개 만들어 층을 쌓아 전체적인 성채의 틀을 만들려고 합니다. 그럼 이런 모양이 되겠죠?

이 충돌은 서로 닮음일까요?

각 층마다 붙이는 정사각뿔대를 1층, 2층, 3층, 4층이라고 부를게요.

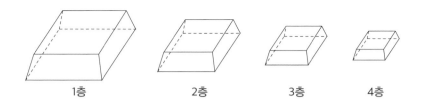

1층   2층   3층   4층

아래층과 위층의 닮음비는 모두 2:1입니다.

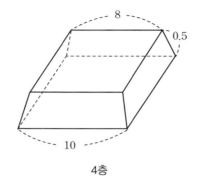

4층

예를 들어, 4층과 3층은 1:2의 닮음비를 가집니다.

4층의 아랫변은 10cm, 옆면의 모서리는 0.5cm, 윗변은 8cm라고 할 때, 1층의 모든 변의 길이는 몇인지 구해 봅시다.

4층과 3층의 닮음비가 1:2이므로 4층을 2배 확대하면 3층이 됩니다.

3층과 2층의 닮음비도 1:2이므로 3층을 2배 확대하면 2층이 됩니다.

2층과 1층의 닮음비도 1:2이므로 2층을 2배 확대하면 1층이 됩니다.

그럼 4층을 얼마나 확대하면 1층이 될까요?

"2배 확대하는 것을 세 번 했으니까 8배가 돼요."

그렇습니다. 4층과 1층의 닮음비가 1:8이고, 닮음인 입체도형은 대응하는 변의 길이가 일정하므로 4층의 모든 변을 8배 확대하면 1층의 변의 길이가 됩니다.

따라서 1층의 길이를 구하면,
아랫변은 $10 \times 8 = 80$
옆면의 모서리는 $0.5 \times 8 = 4$
윗변은 $8 \times 8 = 64$입니다.

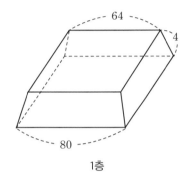

1층

이제는 닮음인 평면도형이나 입체도형이 어떤 성질을 갖고 있는지 알고 있죠? 다음 시간에는 닮음인 도형들을 직접 그려 보는 시간을 갖도록 하겠습니다.

❶ 평면도형에서 닮음인 두 도형은 다음과 같은 성질이 있습니다.

① 대응하는 변의 길이의 비가 일정하다.

② 대응하는 각의 크기가 각각 같다.

❷ 입체도형에서 닮음인 두 도형은 다음과 같은 성질이 있습니다.

① 대응하는 변의 길이의 비가 일정하다.

② 대응하는 면은 닮은 도형이다.

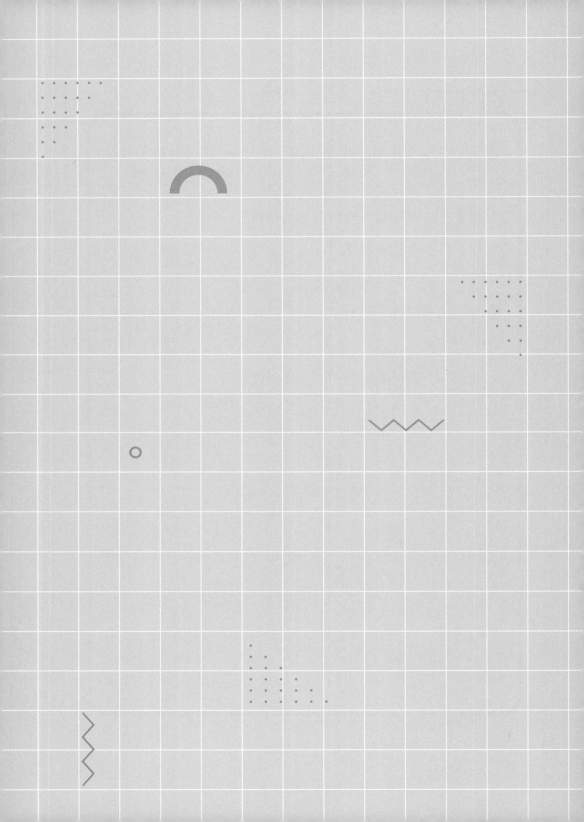

닮은 도형
그리기

주어진 도형과 닮은 도형을 그릴 수 있을까요?
닮음비를 이용하여 닮은 도형을 그려 봅시다.

1. 닮음인 도형을 그릴 수 있습니다.
2. 닮음의 중심과 닮음의 위치의 뜻을 알 수 있습니다.

미리 알면 좋아요

1. **대응점** 합동 또는 닮음인 도형에서 서로 대응하는 두 점.

   예를 들어, 아래 그림의 닮음인 두 삼각형 ABC와 DEF에서 점 A의 대응점
   은 점 D. 점 B의 대응점은 점 E, 점 C의 대응점은 점 F입니다.

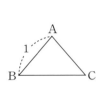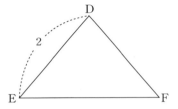

2. **닮음비** 닮음인 관계에 있는 두 도형에서 대응하는 변의 길이의 비.

   예를 들어, 위 그림의 닮음인 두 삼각형 ABC와 DEF의 대응하는 변 AB와
   DE의 길이의 비가 1:2이므로 두 도형의 닮음비는 1:2입니다.

3. **비례식** 비의 값이 같은 두 값을 등식으로 나타낸 식.

   예를 들어, 3:4=6:8과 같이 나타내는 것을 비례식이라고 합니다. 기준량
   을 1로 볼 때의 비율을 비의 값이라고 하는데 3:4에서 4에 대한 3의 비율은
   $\frac{3}{4}$이고 6:8에서 8에 대한 6의 비율은 $\frac{6}{8}$입니다. 3:4의 비의 값 $\frac{3}{4}$과 6:8의
   비의 값 $\frac{6}{8}$이 같으므로 3:4=6:8이라고 쓸 수 있습니다.

탈레스의
세 번째 수업

이번 시간에는 주어진 도형과 닮은 도형을 어떻게 그릴 수 있는지 알아봅시다.

오늘의 수업은 미니어처 테마파크의 프랑스존에서 합니다. 이곳은 세계 3대 박물관프랑스 루브르 박물관, 영국의 대영 박물관, 이탈리아의 바티칸 박물관 중 하나로, 200점의 미술품을 보유하고 있는 루브르 박물관과 프랑스식 정원의 걸작이라 불리는 베르사유 궁전, 세계 최대 규모를 자랑하는 파리 오페라 하우스 등이 있습

니다.

　지금 여러분이 보고 있는 것은 나폴레옹 시대에 만든 프랑스의 개선문을 $\frac{1}{25}$로 축소하여 만든 것입니다. 개선문은 1806년 전투에서 크게 승리한 나폴레옹이 병사들을 위해 지은 프랑스 파리의 샤를 드골 광장에 세워져 있는 '에투알 개선문'을 간단하게 부르는 것입니다.

　개선문은 보통 전쟁에서 승리하고 돌아오는 장군과 군인에게 주는 상과 같은 것으로 이 문을 통과하면서 자신의 승리에 자부심을 느끼게 하기 위함입니다. 그래서 이 개선문에는 승리의 기념을 위해 우측 기둥에 조각이 새겨져 있어요.

　우측 기둥을 봅시다.

　우측 기둥에 보이는 조각이 나폴레옹 군대의 승리를 기념한 '라 마르세예즈'라는 조각입니다. 라 마르세예즈는 진군이라는 의미를 가진 단어로 프랑스의 국가도 이와 같은 이름으로 불립니다.

조각 위의 직사각형이 보이죠?

이 직사각형의 2배가 되는 닮은 도형을 그릴  거예요. 가로와 세로의 길이를 두 배로 확대하 여 그리면 됩니다.

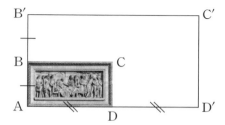

선분 AB의 길이를 두 배로 늘여 선분 AB′를 그렸습니다.

선분 AD의 길이를 두 배 길게 하여 선분 AD′를 그렸습니다.

두 배라는 조건을 만족하는 도형인 사각형 AB′C′D′를 그렸 습니다. 이렇게 조건에 맞는 도형을 그리는 것을 작도라고 합 니다. 작도할 때는 자와 컴퍼스만 사용해야 해요.

따라서 □ABCD ∽ □AB′C′D′입니다.

이번에는 삼각형 ABC를 세 배 확대한 삼각형을 작도합시다.

점 A에서 선분 AB 길이의 세 배가 되는 선을 그려 봅시다.

이번에는 점 A에서 선분 AC 길이의 세 배를 그려 봅시다.

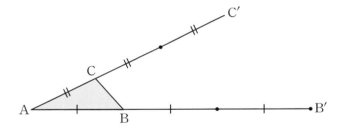

마지막으로 점 B′와 점 C′를 이으면 삼각형 ABC와 닮음비가 1:3인 삼각형 AB′C′를 그릴 수 있습니다.

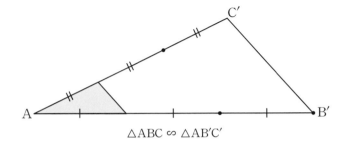

$$\triangle ABC \backsim \triangle AB'C'$$

지금까지 선분 AB, AC의 길이를 확대하여 닮음인 삼각형을 작도하였습니다.

같은 방법으로 사각형 ABCD를 2배 확대한 사각형을 작도해 봅시다.

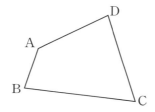

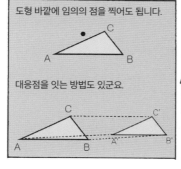

점 A에서 선분 AB를 두 배 확대한 선분 AE를 그립니다.

다음으로 점 A에서 선분 AD를 두 배 확대한 선분 AG를 그려 봅시다.

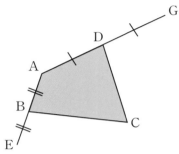

이제 선분 BC를 두 배 확대한 선분을 그려야 합니다.

이번에는 어느 점에서 선분을 그려야 할까요?

점 E에서 선분 BC 길이의 2배를 그려요.

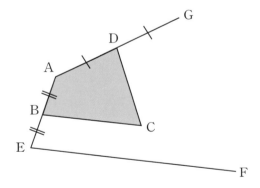

다음으로 점 E에서 선분 BC 길이의 2배를 그려야 합니다.

지금 그린 선분 EF는 선분 BC와 평행해야 해요.

작도를 하기 위해서는 자와 컴퍼스만 사용해야 하는데 선분 BC와 평행하게 그리는 것은 번거롭기 때문에 다른 방법을 이용할 거예요.

사각형 안에 한 점 O를 그렸습니다.

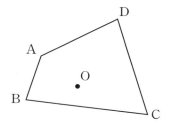

이번에는 사각형의 점 A, B, C, D와 점 O를 이어 봅시다.

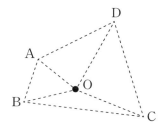

삼각형 OAB, 삼각형 OBC, 삼각형 OCD, 삼각형 ODA 이렇게 네 개가 생겼죠?

이제 네 개의 삼각형을 2배 확대한 삼각형을 작도할 거예요.

우선 삼각형 OAB의 두 배인 삼각형을 작도하여 봅시다.

삼각형 OAB의 점 O에서 선분 OA의 길이의 2배인 선분 OA′를 그립니다.

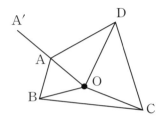

선분 OB의 두 배인 선분 OB′를 그립니다.

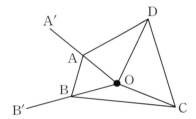

마지막으로 점 A′와 점 B′를 이으면 삼각형 OAB와 닮음비가 1:2인 삼각형 OA′B′를 그릴 수 있습니다.

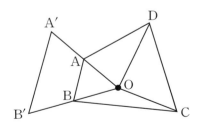

이번에는 같은 방법으로 삼각형 OBC, 삼각형 OCD, 삼각형 ODA의 2배인 삼각형을 작도합니다.

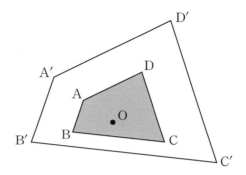

그러면 사각형 ABCD와 닮음비가 1:2인 사각형 A′B′C′D′가 그려집니다. 지금까지의 과정에서 닮음인 사각형 A′B′C′D′의 점을 찾는 방법을 정리해 봅시다.

속속 이해하기

- **점 A′ 찾기** 점 O에서 사각형 위의 점 A까지의 선분의 길이의 2배가 되도록 연장선 그리기
- **점 B′ 찾기** 점 O에서 사각형 위의 점 B까지의 선분의 길이의 2배가 되도록 연장선 그리기
- **점 C′ 찾기** 점 O에서 사각형 위의 점 C까지의 선분의 길이의 2배가 되도록 연장선 그리기
- **점 D′ 찾기** 점 O에서 사각형 위의 점 D까지의 선분의 길이의 2배가 되도록 연장선 그리기

사각형 ABCD의 점 A, B, C, D의 대응점을 찾아서 이어 주면 닮음인 도형을 그릴 수 있습니다.

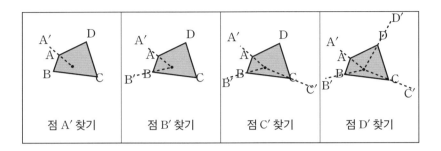

| 점 A′ 찾기 | 점 B′ 찾기 | 점 C′ 찾기 | 점 D′ 찾기 |

점 O에서 2배가 되는 연장선을 그려 점 A′, B′, C′, D′를 찾았으므로 사각형 ABCD와 사각형 A′B′C′D′의 대응점인 점 A와 점 A′, 점 B와 점 B′, 점 C와 점 C′, 점 D와 점 D′를 이으면 점 O에서 만납니다.

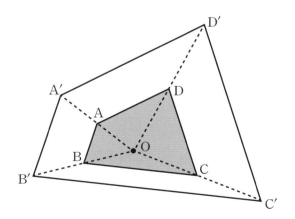

이렇게 대응점을 이은 선분이 만나는 점을 닮음의 중심이라고 하고, 닮음인 도형인 사각형 ABCD와 A′B′C′D′를 닮음의 위치에 있다고 합니다.

닮음의 위치에 있는 두 도형의 대응하는 꼭짓점을 이은 연장선은 모두 한 점을 지난다.

두 사각형의 닮음비가 1:2라고 했죠?

그래서 닮음의 중심과 대응점을 이을 때 변의 길이비를 보면 $\overline{OA}:\overline{OA'} = 1:2$, $\overline{OB}:\overline{OB'} = 1:2$, $\overline{OC}:\overline{OC'} = 1:2$, $\overline{OD}:\overline{OD'}$ $= 1:2$입니다.

닮음의 위치에 있는 두 도형에서 닮음의 중심에서 대응점까지의 거리의 비는 닮음비가 된다.

이렇게 닮음의 중심을 이용하면 주어진 도형과 닮음의 위치에 있는 도형을 쉽게 그릴 수 있어요.

이번에는 삼각형 바깥의 점 O를 닮음의 중심으로 하여 삼각형 ABC를 2배 확대한 삼각형 A′B′C′를 작도해 봅시다.

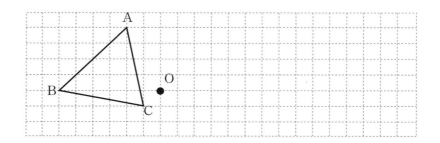

삼각형 ABC를 2배 확대한 삼각형 A′B′C′의 점 A′, B′, C′를 찾아야 합니다.

점 O와 점 A를 이은 선분의 2배가 긴 선분을 그리면 점 A′를 찾을 수 있습니다. $2\overline{OA} = \overline{OA'}$

점 O와 점 B를 이은 선분의 2배가 긴 선분을 그리면 점 B′를 찾을 수 있습니다. $2\overline{OB} = \overline{OB'}$

마찬가지로 점 O와 점 C를 이은 선분의 2배가 긴 선분을 그리면 점 C′를 찾을 수 있습니다. $2\overline{OC} = \overline{OC'}$

이렇게 찾은 점 A′, B′, C′를 모두 이으면 삼각형 A′B′C′를 그릴 수 있습니다.

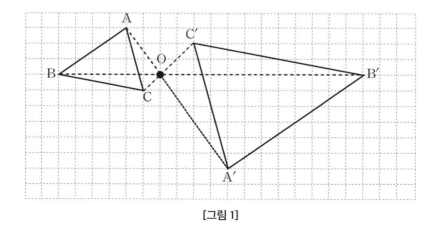

[그림 1]

"선생님 점 A와 점 O를 이어서 오른쪽으로 연장해서 점 A′를 찾았잖아요. 그럼 왼쪽으로 연장해서 점 A′를 찾을 수도 있나요?"

그럼요. 위에서 대응점 A′, B′, C′를 찾을 때 모두 점의 오른쪽으로 연장했습니다.

이번에는 모두 왼쪽으로 연장해서 대응점을 찾으면 됩니다.

선분 OA, OB, OC의 연장선을 모두 왼쪽으로 그려 봅시다.

그러면 대응점 A′, B′, C′를 찾을 수 있습니다.

그리고 점 A′, B′, C′를 이으면 삼각형 ABC와 닮음비가 1:2인

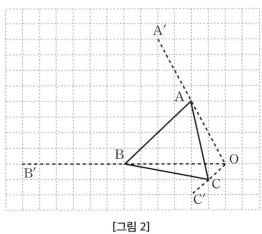

[그림 2]

삼각형 A′B′C′가 그려집니다.

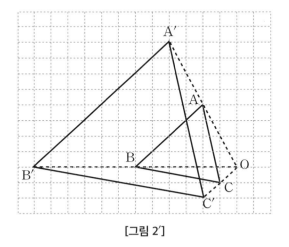

[그림 2′]

즉 연장선을 찾을 때 점 O를 기준으로 [그림 1]처럼 모두 오른쪽으로 연장선을 그리거나, 또는 [그림 2]처럼 모두 왼쪽으로 연장선을 그리면 됩니다.

연장선을 모두 같은 방향으로 그리면 닮음인 도형을 그릴 수 있습니다.[그림 1ʹ], [그림 2ʹ]

지금 우리가 온 곳에는 노이슈반슈타인 성이 있습니다. 이 성은 독일 바이에른주에 위치하며, 예술적 감성을 지녔던 루트비히 2세가 음악가 리하르트 바그너의 오페라를 보고 감명을 받아 건축했습니다. 미국의 디즈니랜드는 동화 같은 아름다움을 지닌 노이슈반슈타인 성을 본떠서 만들었다고 합니다.

노이슈반슈타인 성
Neuschwanstein
• 위치 | 독일 바이에른주(州)
• 건축 기간 | 1869년
• 건축 배경 | 궁전
• 건축 시기 | 바이에른왕
　　　　　 루트비히 2세

옆에 있는 안내판을 봐 주세요.

여러분이 가지고 있는 미니어처 테마파크 가이드북은 이 안내판을 $\frac{1}{10}$의 비율로 축소하여 만든 것입니다.

유럽존

노이슈반슈타인 성	밀라노 대성당	콜로세움

Neuschwanstein	Milano Cathedral	Colosseum
• 위치 | 독일 바이에른주(州)	• 위치 | 이탈리아 밀라노	• 위치 | 이탈리아 로마
• 건축 기간 | 1869년	• 건축 기간 | 1386년 – 1951년	• 건축 기간 | 서기 72년 – 80년
• 건축 배경 | 궁전	• 건축 배경 | 종교적 신념	• 건축 배경 | 원형 투기장
• 건축 시기 | 바이에른 왕 루트비히 2세	• 건축 시기 | 영주 잔 갈레아 비스콘티	• 건축 시기 | 베스파시아누스 황제~ 티투스 황제

노이슈반슈타인 성의 안내판과 가이드북에 있는 동일한 내용의 안내문은 어떤 관계가 있을까요?

"닮음입니다."

닮음이면 두 도형이 닮음의 위치에 있다고 할 수 있을까요?
닮음의 위치에 있기 위해서는 대응점을 이어 닮음의 중심을 찾을 수 있어야 합니다. 대응점 A와 A′, B와 B′, C와 C′, D와 D′를 이어 봅시다.

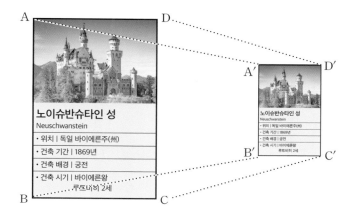

대응점을 이은 선분이 한 점에서 만나지 않죠? 이렇게 닮음인 도형이라고 해서 항상 닮음의 위치에 있는 것은 아닙니다.

닮음의 위치에 있는 두 삼각형 ABC, DEF에서 선분 AB의 길이가 1.5cm라고 합니다.

선분 AB의 대응변인 DE의 길이를 구해 봅시다.

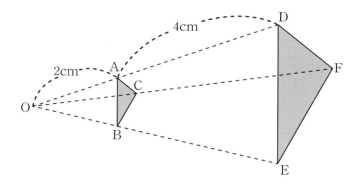

△ABC ∽ △DEF이므로 삼각형 ABC를 확대하면 삼각형

DEF가 됩니다. 얼마만큼 확대했는지를 알면 선분 DE의 길이를 구할 수 있습니다.

두 삼각형이 닮음의 위치에 있고 점 O가 닮음의 중심입니다. 그리고 우리는 닮음의 중심에서 대응점까지의 거리의 비를 이용하여 닮음비를 구할 수 있다는 것을 이미 앞에서 알아보았습니다. 이제 닮음비를 구해 봅시다.

닮음의 중심 O에서 점 A까지의 거리는 2cm입니다.

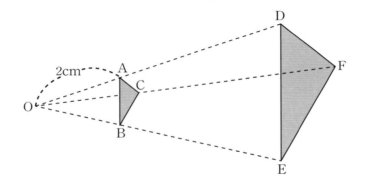

닮음의 중심 O에서 A의 대응점 D까지의 거리는 6cm입니다.

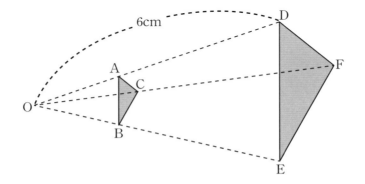

중심에서 꼭짓점까지의 거리가 각각 2cm, 6cm이므로 길이의 비율은 2:6, 즉 1:3의 닮음비를 가집니다. 따라서 삼각형 ABC를 3배 확대하면 삼각형 DEF가 됩니다.

이제 우리는 선분 DE의 길이를 구할 수 있습니다. 선분 AB의 길이가 1.5cm이므로 선분 DE의 길이는 1.5cm의 3배인 4.5cm가 됩니다.

이제 닮음의 중심을 이용하여 닮음인 도형을 그릴 수 있겠죠? 닮음의 중심을 정하고 주어진 도형의 점과 중심을 이어 일정하게 확대한 연장선을 그리면 닮음인 도형을 쉽게 작도할 수 있습니다.

다음 시간에는 여러 가지 삼각형 중에서 닮음인 삼각형을 찾는 방법을 알아볼 거예요. 비슷해 보인다고 해서 모두 닮음이라고 할 수는 없겠죠?

닮음의 뜻을 알고 닮음인 삼각형들의 대응변, 대응각을 비교한다면 닮음인 삼각형을 잘 찾을 수 있습니다. 지금까지 배운 내용을 잘 정리하고 다음 시간에 보도록 해요.

수업 정리

❶ 자와 컴퍼스만을 이용하여 조건에 맞는 도형을 그리는 것을 작도라고 합니다.

❷ 닮음의 중심을 이용하면 주어진 도형과 닮음인 도형을 쉽게 그릴 수 있습니다.

❸ 두 닮은 도형의 대응하는 점을 연결한 직선이 한 점에서 만날 때 두 도형은 닮음의 위치에 있다고 합니다.

닮은 삼각형
찾기

여러 가지 삼각형 중에서 닮은 삼각형을 어떻게 찾을 수
있을까요?
삼각형의 닮음 조건에 대해 알아봅시다.

1. 닮음인 삼각형을 찾을 수 있습니다.
2. 두 삼각형이 닮음인 이유를 알 수 있습니다.

미리 알면 좋아요

1. 삼각형의 내각의 합

   삼각형의 내각의 합은 180°입니다.

2. 삼각형의 합동조건 다음의 세 가지 중 한 가지를 만족하면 두 삼각형은 합동입니다.

   ① 대응하는 세 변의 길이가 같다.
   ② 대응하는 두 변의 길이가 각각 같고, 그 끼인각의 크기가 같다.
   ③ 대응하는 한 변의 길이가 같고, 그 양 끝각의 크기가 각각 같다.

탈레스의
네 번째 수업

　오늘은 여러 가지 삼각형 중에서 닮은 삼각형을 찾을 수 있는 방법인 삼각형의 닮음 조건에 대해 이야기하겠습니다.

　오늘 수업이 이루어질 곳은 미니어처 테마파크의 아시아존입니다. 이곳에는 중국 최대의 성인 자금성, 길이 2,700km로 세계 7대 불가사의 중 하나인 만리장성, 정교한 예술성과 웅장미로 '캄보디아의 영원한 등불'로 불리는 앙코르 와트, 무굴 제국 황제 샤 자한이 사랑하는 왕비를 위해 지은 무덤으로, 너무 아름다워서 궁전이란 뜻의 '마할'이라는 이름이 붙은 인도의 타지마할 등이 있습니다.

지금 보이는 건축물은 일본의 구마모토 성을 $\frac{1}{25}$ 로 축소하여 만든 것입니다.

이 성은 일본의 봉건 시대에 군사적 목적에 의해 지어진 성으로 창과 방패 같은 많은 군사 물품이 보관되어 있었고 성주도 이곳에 살았다고 합니다. 성에서 가장 높게 솟아 있는 것을 '천수각'이라고 하며 성 전체의 중심입니다.

이 성 앞에 가면 나오는 음악은, 일본 애니메이션인 '하울의 움직이는 성'에 나오는 '인생의 회전목마'입니다.

지금 보고 있는 것이 이 곡의 악보예요. 첫 번째 마디의 첫 음인 '솔'과 네 번째 마디의 '솔' 음의 사분음표의 모양이 일치하죠? 이렇게 모양이나 크기를 바꾸지 않고 완전히 포개지는 것을 합동이라고 했습니다. 그럼 이 악보에서 합동인 것을 한번 찾아볼까요?

　"첫 번째 마디의 팔분음표 '솔'이랑 세 번째 마디의 팔분음표

'솔'이요."

"세 번째 마디의 팔분음표 '솔'이랑 네 번째 마디의 팔분음표 '파'요."

"네 번째 마디의 팔분음표 '파'랑 '레'요."

잘 찾았습니다. 합동인 도형을 잘 찾은 것처럼 이번 시간이 끝나면 닮음인 삼각형을 잘 찾을 수 있을 거예요.

구마모토 성의 지붕에 많은 삼각형들이 보이죠? 이 삼각형들 중에서 삼각형 ABC와 삼각형 DEF를 보세요.

스핑크스에게 몇 걸음인지 재 보라고 합시다.

스핑크스! 선분 DF와 AC의 길이를 너의 걸음으로 재 보자.

저는 D부터 F까지 한 걸음에 갈 수 있어요!

똑같은 크기의 걸음으로 선분 AC의 길이를 재 볼까?

저는 A부터 C까지
세 걸음에 갈 수 있어요!

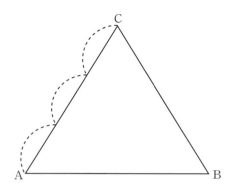

이번에는 나머지 두 변도 비교해 보자!

$\overline{EF}$를 한 걸음으로 하면 $\overline{BC}$는 세 걸음이에요.
$\overline{DE}$를 한 걸음으로 하면 $\overline{AB}$도 세 걸음이에요.

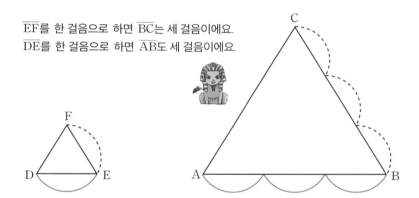

두 변씩 비교해 보니까 삼각형 DEF의 변을 세 배 하면 삼각형 ABC가 된다는 것을 알 수 있죠?

선분 AB와 선분 DE, 선분 BC와 선분 EF, 선분 CA와 선분 FD의 길이의 비를 구했더니 대응하는 선분의 길이의 비가 모두 같았습니다.

$$\overline{AB}:\overline{DE}=\overline{BC}:\overline{EF}=\overline{CA}:\overline{FD}$$

삼각형 DEF와 삼각형 ABC의 길이를 그림에 표시해 봅시다.

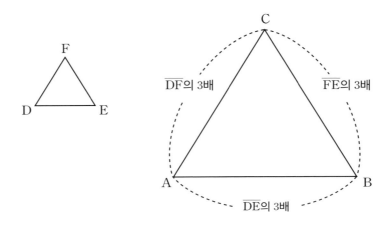

모든 변이 일정하게 세 배로 확대되었으므로 삼각형 ABC와 삼각형 DEF는 닮음입니다.

세 쌍의 대응하는 변의 길이의 비가 같은 두 삼각형은 닮음이다.

이 두 사진은 미니어처 테마파크에 있는 에펠탑과 시드니 오페라 하우스의 사진입니다. 시드니의 유명한 공연장인 오페라 하우스의 지붕은 조개껍질 혹은 파도의 물결과 같은 특이한 모양이에요. 오페라 하우스의 특이한 지붕은 전 세계적으로 유명합니다.

두 사진 안의 두 삼각형 ABC와 DEF의 길이를 재어 보겠습니다. 두 삼각형은 어떤 관계인지 알아봅시다.

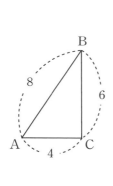
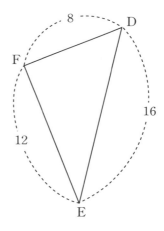

먼저 대응변의 길이의 비를 비교하려고 합니다. 어떤 변끼리 비교할지 결정하기 위해 두 삼각형의 변을 크기순으로 나열해 볼 거예요.

삼각형 ABC의 세 변을 크기순으로 나열합시다.

$$\overline{AC} = 4, \overline{BC} = 6, \overline{AB} = 8$$

삼각형 DEF의 세 변도 크기순으로 나열합시다.

$$\overline{DF} = 8, \overline{EF} = 12, \overline{DE} = 16$$

크기순으로 나열했으니까 이번에는 작거나 큰 길이순으로 비교할 거예요.

가장 작은 길이인 $\overline{AC}$와 $\overline{DF}$의 길이는 각각 4와 8이므로 그 비율은 1:2입니다.

그 다음 길이인 $\overline{BC}$와 $\overline{EF}$의 길이를 비교하면 각각 6과 12이므로 1:2입니다.

가장 긴 길이인 $\overline{AB}$와 $\overline{DE}$의 길이는 각각 8과 16이므로 그 비는 1:2입니다.

세 변의 길이의 비가 1:2로 일정하죠? 길이의 비가 1:2로 일정하다는 것은 삼각형 ABC의 변을 모두 2배 확대할 때 삼각형 DEF가 된다는 것입니다. 따라서 두 삼각형 ABC와 DEF는 닮음입니다.

$$\triangle ABC \backsim \triangle DEF$$

이번에는 다른 지붕의 삼각형을 봅시다.

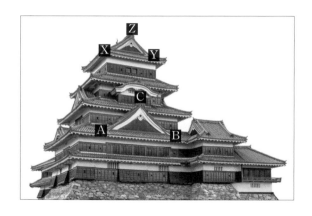

지붕의 삼각형 중에서 삼각형 ABC와 삼각형 XYZ의 길이
와 각의 크기를 비교해 보겠습니다.

선분 AB와 선분 XY, 선분 AC와 선분 XZ의 길이의 비가
같고 선분 사이의 끼인각인 각 A와 각 X의 크기가 같습니다.

$$\overline{AB}:\overline{XY}=\overline{AC}:\overline{XZ} \text{ 그리고 } \angle A = \angle X$$

선분의 길이의 비가 같다는 것은 변 XY와 변 XZ를 똑같이 확대하면 변 AB와 변 AC가 된다는 것입니다. 하지만 우리는 얼마나 확대를 했는지 모르니까 □배만큼 확대했다고 합시다. 이것을 그림으로는 이렇게 그릴 수 있어요.

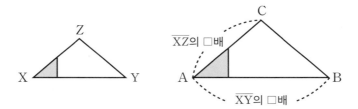

이번에는 닮음의 중심을 X로 하여 삼각형 XYZ를 □배 한 삼각형을 그려 봅시다.

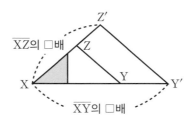

이제 삼각형 ABC와 삼각형 XY′Z′를 비교해 볼 거예요.

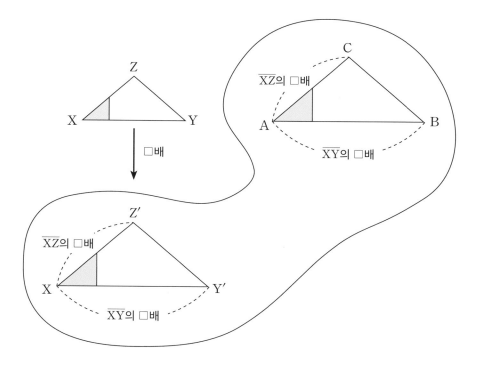

두 삼각형에서 대응하는 변과 각을 비교하면,

$$\underline{\text{삼각형 ABC}} \qquad \underline{\text{삼각형 XY}'\text{Z}'}$$

$$\overline{\text{AC}} \quad = \quad \overline{\text{XZ}'}$$

$$\overline{\text{AB}} \quad = \quad \overline{\text{XY}'}$$

$$\angle\text{A} \quad = \quad \angle\text{X}$$

두 변과 끼인각의 크기가 같으므로 두 삼각형은 모양이 일치합니다.

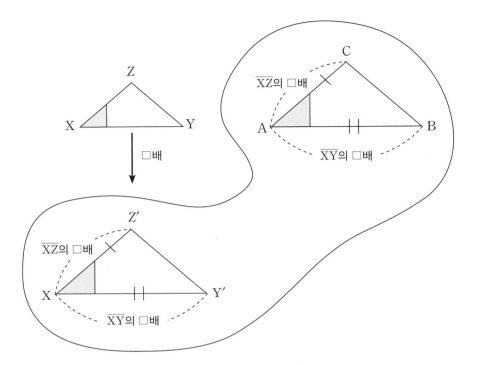

즉 삼각형 XYZ를 □배하면 삼각형 XY′Z′가 되므로 삼각형 XY′Z′와 삼각형 ABC의 모양이 일치합니다. 따라서 삼각형 XYZ를 □배 확대하면 삼각형 ABC가 됩니다. 확대한 모양이 일치하므로 삼각형 XYZ와 삼각형 ABC는 닮음입니다.

두 쌍의 대응하는 변의 길이의 비가 같고, 그 끼인각의 크기가 같으면 두 삼각형은 닮음이다.

지금 보는 것은 미니어처 테마파크에 있는 타워 브리지와 하트셉수트 여왕의 신전 사진입니다. 왼쪽의 타워 브리지는 영국 템스 강의 다리로 강물 위로 배가 지나가면 다리가 들어 올려지는 유명한 건축물입니다. 오른쪽의 하트셉수트 여왕의 신전은 이집트의 여왕 하트셉수트가 바위산 앞의 절벽에 지은 신전입니다.

 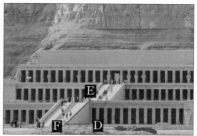

두 사진의 삼각형을 봅시다. 두 삼각형은 어떤 관계일까요?

사진 안의 두 삼각형 ABC와 DEF의 두 변의 길이와 각의 크기를 재었습니다.

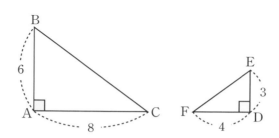

우선 각을 봅시다. 각 A와 각 D의 크기가 90°로 같습니다.

$\angle A = \angle D$

이번에는 각 A를 끼인각으로 하는 두 변 AB와 AC를 크기순으로 나열해 봅시다.

$\overline{AB} = 6$, $\overline{AC} = 8$

같은 방법으로 각 D를 끼인각으로 하는 두 변 DE와 DF도 크기순으로 나열합시다.

$\overline{DE} = 3$, $\overline{DF} = 4$

두 삼각형에서 크기순으로 나열한 변의 길이의 비를 보면, 작은 변 AB와 DE의 길이가 각각 6과 3이므로 그 비는 2:1입니다. 큰 변 AC와 DF의 길이도 각각 8과 4이므로 두 변의 비율은 2:1입니다.

즉, 두 변의 길이의 비가 2:1로 일정하고 끼인각이 90°로 같으므로 두 삼각형 ABC와 DEF는 닮음입니다.

구마모토 성의 두 지붕의 옆면에 있는 두 삼각형 ABC와 DEF를 봅시다.

두 삼각형의 대응되는 각의 크기를 비교해 보니 ∠A ＝ ∠D, ∠B ＝ ∠E로 서로 같았습니다. 이때 두 삼각형은 어떤 관계가 있는지 알아봅시다.

몽당연필로 선분 AB와 선분 DE의 길이를 재어 보았더니 두 변의 길이의 비가 1:2가 되었습니다.

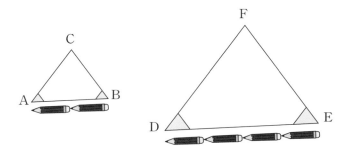

삼각형 ABC를 2배 확대한 삼각형 A′B′C′를 그리고 삼각형 A′B′C′와 삼각형 DEF를 비교해 봅시다.

대응되는 변 A′B′와 DE의 양 변의 끝각을 비교하면 ∠A′ = ∠D, ∠B′ = ∠E입니다. 즉, 한 변과 양 끝각의 크기가 같으므로 삼각형 A′B′C′와 삼각형 DEF는 합동입니다.

$$\triangle A'B'C' \equiv \triangle DEF$$

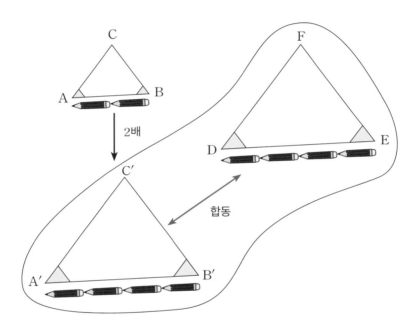

따라서 △ABC를 2배 확대한 △A′B′C′와 △DEF는 합동이 됩니다.

$$\triangle ABC \equiv \triangle DEF$$

즉 두 대응각의 크기가 같은 두 삼각형 ABC와 DEF는 닮음
입니다.

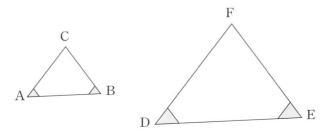

> 두 쌍의 대응하는 각의 크기가 같을 때 두 삼각형은 닮음이다.

아래는 미니어처 테마파크에 있는 이맘 모스크와 카이저 빌헬름 교회의 사진입니다. 이맘 모스크는 이란의 옛 수도 에스파한에 지어진 건축물입니다. 정교하고 화려한 타일 등으로 장식되었으며, 그 장식과 함께 완벽한 색상을 사용하여 유명해졌습니다.

카이저 빌헬름 교회는 독일의 수도인 베를린에 위치한 교회입니다. 제2차 세계 대전으로 인해 부서지고 종탑 부분만 남아

있는데 '전쟁의 참상을 알리자.'라는 취지 아래 복구를 하지 않았습니다. 교회 내부에 폭격을 당하기 전과 폭격 직후의 사진, 그리고 전쟁과 관련된 물건들을 전시한 박물관이 만들어져 있습니다.

사진 속의 삼각형인 ABC와 DEF를 봅시다.

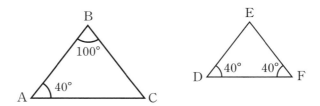

삼각형의 내각의 합은 180°이므로 각 E의 크기를 구할 수 있습니다.

$$\angle D + \angle E + \angle F = 180°$$

$$\angle E = 100°$$

각 E를 표시하고 두 삼각형의 각을 비교해 봅시다.

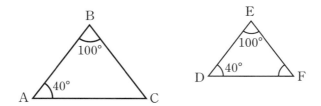

$$\angle A = \angle D, \ \angle B = \angle E$$

삼각형에서 두 쌍의 각의 크기가 같으므로 두 삼각형은 닮음입니다. 구마모토 성의 지붕의 여러 가지 삼각형에서 알 수 있듯이 다음 세 가지 조건 중 하나를 만족하면 삼각형 ABC와 삼각형 DEF는 닮음입니다.

1. 세 쌍의 대응하는 변의 길이의 비가 각각 같다.
2. 두 쌍의 대응하는 변의 길이의 비가 각각 같고, 그 끼인각의 크기가 같다.
3. 두 쌍의 대응하는 각의 크기가 같다.

삼각형의 닮음조건을 변Side과 각Angle의 첫 자를 따서 간단하게 나타낼 수 있습니다. 닮음조건 1은 세 쌍의 변이 기준이므로 변을 나타내는 S를 써서 SSS닮음이라고 합니다.

닮음조건 2는 두 쌍의 변이 조건에 포함되므로 변을 나타내는 S 두 글자인 SS와 변 사이의 각을 A로 나타내서 SAS닮음이라고 합니다.

닮음조건 3은 두 쌍의 각이 그 조건이므로 각을 나타내는 A를 두 번 써서 AA닮음이라고 합니다.

자, 이 그림을 보세요. 그림에 직각삼각형이 몇 개 있나요?

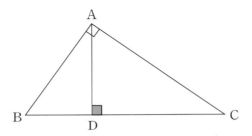

"3개요."

네, △ABC, △ABD, △ACD 이렇게 세 개의 삼각형이 있습니다. 이 삼각형들은 모두 닮음입니다. 왜 그런지 알아볼까요?

우선 삼각형 ABC를 봅시다.

삼각형 ABC에서 우리가 알고 있는 각의 크기는 각 A로 크기가 90°라는 것입니다.

삼각형 ABC에서 각의 크기를 모르는 것은 ●와 ▲라고 가정할게요.

$\angle B = ●$, $\angle C = ▲$

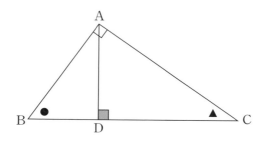

하지만 여기에서 여러분들이 찾을 수 있는 사실이 또 있어요. 삼각형 내각의 합이 180°인 것은 이미 알죠?

따라서 ●와 ▲와 90°를 더하면 삼각형의 내각의 합 180°가 됩니다. 자, 그럼 모두 더해서 180°가 되는 세 각 ●와 ▲와 90°

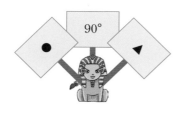

를 스핑크스에게 들고 있도록 합시다.

이번에는 가장 작은 삼각형 ABD 만 따로 그리고 그 각의 크기를 구해 봅시다.

탈레스가 삼각형 ABD를, 그리고 그 옆에 스핑크스를 세워 놓았습니다.

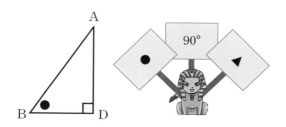

∠B는 ●이고 ∠D는 90°이므로 ∠A의 크기만 구하면 됩니다.

삼각형 ABD의 각과 스핑크스가 들고 있는 각을 비교해 봅시다. 스핑크스가 들고 있는 각에서 삼각형 ABD의 각 ●와 90°를 빼면 남은 각은 ▲입니다. 따라서 삼각형 ABD에서 모르는 각 A의 크기는 ▲가 됩니다.

자, 이제 삼각형이 하나 남았죠? 삼각형 ACD의 각의 크기를 구해 봅시다.

탈레스가 삼각형 ACD를 그리고 그 옆에 스핑크스를 세워 놓았습니다.

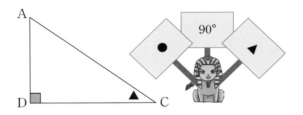

∠D는 90°이고 ∠C는 ▲이므로 ∠A의 크기만 구하면 됩니다.

삼각형 ACD와 스핑크스가 들고 있는 각을 비교해 봅시다. 이번에 스핑크스에게 남은 각은 ●죠? 따라서 삼각형 ACD에서 모르는 각 A의 크기는 ●가 됩니다.

세 삼각형에 각을 모두 표시한 후 비교해 봅시다.

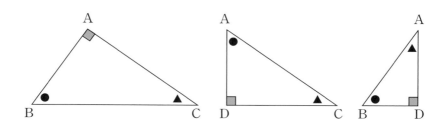

삼각형의 닮음조건에서 두 쌍의 대응하는 각의 크기가 같으면 닮음이라고 했죠?

세 삼각형의 두 내각 ●와 □의 크기가 같으므로 세 삼각형 모두 닮음입니다.

$$\triangle ABC \backsim \triangle DAC \backsim \triangle DBA$$

그럼 세 삼각형의 대응변을 구해 봅시다.

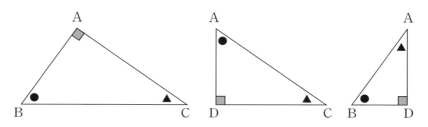

세 삼각형이 닮음이지만 모두 다른 모양으로 세워져 있기 때문에 대응각을 이용하여 대응변을 찾을 거예요.

선분 AB의 대응각을 찾기 위해서 우선 선분 AB에 있는 각을 봅시다. 선분 AB에 직각과 ●각이 있죠? 삼각형 ACD와 삼각형 ABD에서도 직각과 ●각이 있는 선분을 찾으면 됩니다.

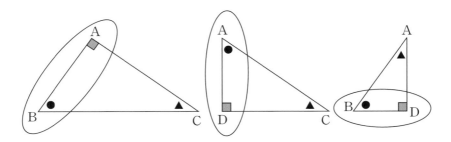

그러면 $\overline{AB}$의 대응변은 $\overline{DA}$와 $\overline{DB}$라는 것을 찾을 수 있습니다.

지금 찾은 것처럼 다시 다른 대응변을 찾아봅시다.

선분 AC의 대응변의 양쪽에는 직각과 ▲가 있는 각이 있으므로 동일한 조건인 직각과 ▲가 있는 각을 찾으면 됩니다.

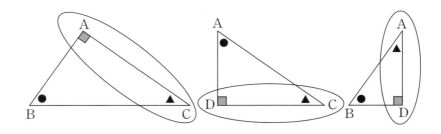

따라서 선분 AC의 대응변은 $\overline{DC}$와 $\overline{DA}$입니다.

앞에서 살펴본 것처럼 닮음인 삼각형이 똑같은 모양으로 위치해 있지 않고 조금 회전되어 있거나 뒤집혀 있어서 쉽게 닮음인 삼각형을 찾을 수 없을 때에는 먼저 대응각을 찾습니다. 대응각이 표시되어 있을 때 대응변을 찾을 수 있습니다.

자, 이제 오늘의 수업을 마칠 때가 되었습니다. 오늘 수업을 처음 시작한 곳이 구마모토 성이죠? 다시 구마모토 성을 봅시다.

 구마모토 성의 지붕에서 찾을 수 있는 여러 삼각형을 보며 닮음의 조건을 배웠습니다. 삼각형의 닮음조건 세 가지가 있었죠? 세 대응변의 길이의 비가 같은 SSS닮음, 두 대응변의 길이의 비와 끼인각의 크기가 같은 SAS닮음, 두 대응각의 크기가 같은 AA닮음이 있습니다.

그리고 닮음인 삼각형의 대응변들의 길이의 비가 일정하다는 것을 이용하여 삼각형의 길이를 구할 수 있다는 것도 함께 기억합시다.

다음 시간에는 삼각형의 변과 평행한 선을 그어서 생기는 삼각형이 기존의 삼각형과 어떤 관계인지 알아보겠습니다.

❶ 세 변의 길이가 주어진 두 삼각형이 있을 때 각 변을 길이순으로 나열하여 구한 대응변의 길이의 비가 같으면 두 삼각형은 닮음입니다. 이를 간단히 SSS닮음이라고 합니다.

❷ 두 변과 그 끼인각이 주어진 두 삼각형이 있을 때 대응하는 두 쌍의 변의 길이의 비가 같고, 그 끼인각의 크기가 같을 경우 두 삼각형은 닮음입니다. 이를 간단히 SAS닮음이라고 합니다.

❸ 각의 크기가 주어진 두 삼각형에서 두 쌍의 대응하는 각의 크기가 같을 때 두 삼각형은 닮음입니다. 이를 간단히 AA닮음이라고 합니다.

삼각형의 변과 평행한 선을 그어 닮은 삼각형 찾기

삼각형의 변과 평행한 평행선을 그어 생긴 삼각형은
원래의 삼각형과 어떤 관계일까요?
또한 두 삼각형 사이의 길이는 어떤 관계가 있을까요?
삼각형과 평행한 선을 그어 생긴 닮은 삼각형을 찾아
길이의 비를 구해 봅시다.

수업 목표

1. 삼각형의 변과 평행한 선을 그어 생긴 삼각형 사이의 관계를 알 수 있습니다.
2. 평행선 사이의 선분의 길이의 비를 알 수 있습니다.

미리 알면 좋아요

1. **평행선** 한 평면 위에 있는 두 직선 ℓ과 m이 만나지 않을 때, 이 두 직선은 평행하다고 하며, 이것을 기호로 $\ell /\!/ m$으로 나타냅니다.

2. **비례식의 성질** 비례식에서 외항의 곱과 내항의 곱은 같습니다.
   $3:2=6:4$에서 바깥쪽에 있는 두 항 3과 4를 외항, 안쪽에 있는 두 항 2와 6을 내항이라고 하며 $3\times4=2\times6$이 성립합니다.

탈레스의
다섯 번째 수업

이번 시간에는 삼각형의 변과 평행한 선을 그어 삼각형의 변의 길이의 비를 구해 볼 거예요. 비를 구하기 위해서는 먼저 맞꼭지각과 동위각, 엇각이 무엇인지 알아야 합니다.

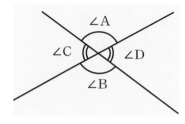

먼저 두 개의 직선이 한 점에서 만나도록 그려 봅시다. 그러면 네 개의 각이 생깁니다.

그림을 보면 각 A와 각 B가 서

로 마주 보고 있습니다. 이렇게 서로 마주 보는 두 개의 각을 맞

꼭지각이라고 합니다.

마찬가지로 각 C의 맞꼭지각❹은 각 D입니다.

이때, 맞꼭지각의 크기는 같습니다.

이번에는 두 개의 평행선 m과 n을 봅시다.

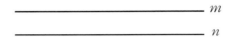

두 개의 평행선에 하나의 직선을 그리면 여러 개의 각이 생깁니다.

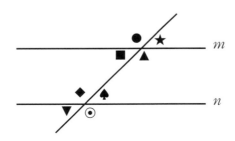

직선 m에는 ●, ★, ■, ▲인 각 4개가 생겼습니다.

직선 n에는 ◆, ♠, ▼, ⊙인 각 4개가 생깁니다.

직선 m에 생긴 각 ●, ★, ■, ▲ 중에서 오른쪽 위에 있는 각

은 ★입니다.

마찬가지로 직선 n에 생긴 각 ◆, ♠, ▼, ⊙ 중에서 오른쪽 위
에 있는 각은 ♠입니다.

★과 ♠가 모두 오른쪽 위에 있는 각이죠?

이렇게 같은 위치에 있는 각을 동위각[5]이라
고 합니다.

이때, 평행선에서 동위각의 크기는 같습니다.

메모장

[5] 동위각 평행한 두 직선이
다른 한 직선과 만날 때, 각
직선의 같은 쪽에서 그 직선
과 이루는 각.

직선 m에 생긴 각 ●, ★, ■, ▲ 중에서 오른쪽 위에 있는 각
은 ★이라고 했습니다.

우리는 오른쪽 위에 있는 각과 엇갈려 있는 각을 찾을 거예요.
오른쪽 위에 있는 각과 엇갈리니까 왼쪽 아래에 있어야 합니다.
자, 그럼 직선 n에 생긴 각 ◆, ♠, ▼, ⊙ 중에서 왼쪽 아래에 있
는 각을 찾아보면 ▼입니다. 다시 살펴보면 각 ★는 오른쪽 위에
있고 각 ▼는 왼쪽 아래에 있으므로 서로 엇갈려 있습니다.

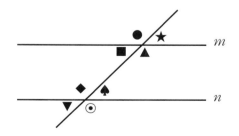

이와 같이 엇갈려 위치한 두 각을 엇각이라고 합니다.
이때 평행선에서 엇각의 크기는 같습니다.

탈레스가 삼각형 ABC를 그렸습니다.

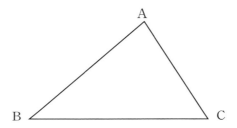

삼각형의 변과 평행한 선 DE를 그려 봅시다.

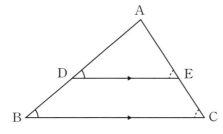

탈레스가 평행선을 그리면
서 각도 표시를 했습니다.

삼각형의 중앙에 평행한 선을 그으면 아래의 각들과 크기가
같은 동위각이 생깁니다. 평행선의 왼쪽에 위치한 동위각에는
◝표시를 했고 오른쪽에 위치한 동위각에는 ⸝⸝⸝ 표시를 했습
니다. 이번에는 겹쳐진 두 개의 삼각형을 나누어 그려 볼게요.

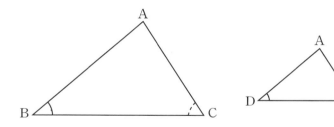

그림에서도 볼 수 있듯이 삼각형 ADE와 삼각형 ABC의 두 각이 같죠? 따라서 두 삼각형은 AA닮음입니다. 닮음인 삼각형에 대응변을 같은 선분 모양으로 나타내었어요.

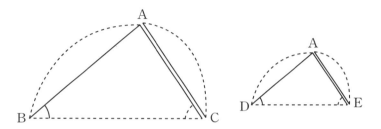

닮음인 삼각형의 대응변의 길이의 비가 같으므로 $\overline{AB}:\overline{AD}$ $=\overline{AC}:\overline{AE}=\overline{BC}:\overline{DE}$입니다.

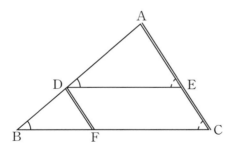

이번에는 삼각형에 $\overline{AC}$와 평행한 선을 긋고 동위각을 표시해 봅시다.

삼각형 DBF가 생겼죠?

삼각형 DBF와 삼각형 ABC가 어떤 관계인지 알아보기 위해 따로따로 그려 봅시다.

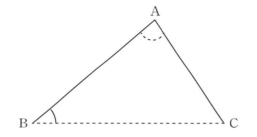
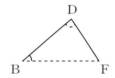

삼각형 ABC와 삼각형 DBF의 두 각이 같죠? 따라서 두 삼각형은 닮음입니다. 닮음인 삼각형에 대응변을 같은 선분으로 표시했어요.

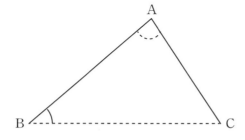
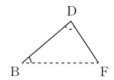

닮음인 삼각형의 세 대응변의 길이의 비가 같으므로 $\overline{AB}:\overline{DB}$ $=\overline{AC}:\overline{DF}=\overline{BC}:\overline{BF}$입니다.

지금까지 배운 내용을 정리해 보겠습니다. 삼각형 내부에 변과 평행인 선분을 그리면 닮음인 삼각형을 찾을 수 있어서 선분들 사이에 일정한 길이의 비가 성립합니다.

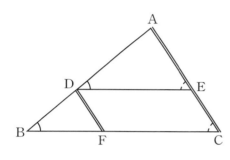

삼각형 내부에 평행선을 그어 생기는 점을 D, E라고 합시다. 여기에 닮음인 삼각형이 생기므로 다음과 같은 길이의 비가 성립합니다.

$$\overline{AD}:\overline{AB}=\overline{AE}:\overline{AC}=\overline{DE}:\overline{BC}$$

$$\overline{AD}:\overline{AB}=\overline{AE}:\overline{AC}$$

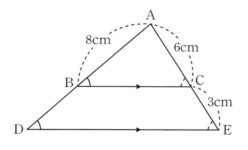

이 그림에서 변 BD의 길이를 구해 봅시다.

삼각형 ADE의 변 DE와 변 BC가 평행하죠? 내부에 평행선을 그으면 크기가 같은 동위각이 생깁니다. 이 동위각을 표시해 봅시다.

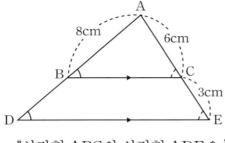

이제 닮음인 삼각형을 찾을 수 있겠죠? 닮음인 삼각형을 찾아봅시다.

"삼각형 ABC와 삼각형 ADE요."

잘 찾았어요. 이번에는 닮음인 두 삼각형을 대응변끼리 동일한 위치에 있는 모양으로 그려 봅시다.

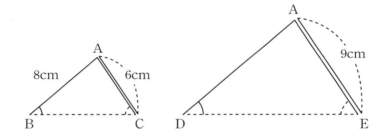

닮음인 삼각형의 대응변의 길이의 비가 일정하므로 $\overline{AB}:\overline{AD}$ $=\overline{AC}:\overline{AE}=\overline{BC}:\overline{DE}$입니다.

$\overline{AB}=8cm$, $\overline{AD}=8cm+\overline{BD}$, $\overline{AC}=6cm$, $\overline{AE}=9cm$이므로 BD의 길이를 구할 수 있습니다.

$\overline{AB}:\overline{AD}=\overline{AC}:\overline{AE}$

$8:8+\overline{BD}=6:9$

$(8+\overline{BD})\times6=8\times9$

양변을 6으로 나누면

$8+\overline{BD}=12$이므로 $\overline{BD}=4cm$입니다.

"선생님? $\overline{AB}:\overline{BD}=\overline{AC}:\overline{CE}$라고 해도 되나요?"

네, 가능합니다. $\overline{CE}$와 평행한 선을 그어 봅시다.

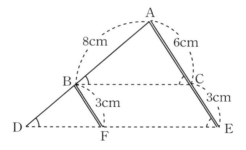

그러면 삼각형 ABC와 삼각형 BDF가 닮음이 되고 $\overline{BF}=\overline{CE}$ 이므로 $\overline{AB}:\overline{BD}=\overline{AC}:\overline{CE}$입니다. 우리가 알고 있는 변의 길이를 대입하면 $8:\overline{BD}=6:3$이고 $\overline{BD}$의 길이를 구하면 4cm입니다.

삼각형의 변과 평행한 선을 그리면 닮음인 삼각형이 생기기 때문에 두 삼각형 사이에 일정한 길이의 비가 성립합니다. 이

것을 이용하여 피사의 사탑이 기울어지기 전의 높이 $\overline{\text{AB}}$를 구
하려고 합니다.

탑 위의 점 A에서 땅으로 줄을 놓아 삼각형을 만들었어요.

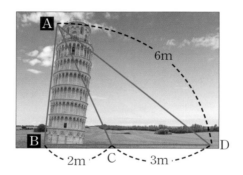

삼각형 ABC와 삼각형 ACD가 생겼죠? 그런데 두 도형은 닮음
이 아닙니다. 사진에서 보다시피 두 각의 크기가 다르기 때문입니다.
　하지만 여러분은 삼각형의 변과 평행한 선을 그어서 생기는
선분의 길이의 비를 알고 있었죠? 우선 평행선을 잘 그어야 선

분의 길이를 구할 수 있습니다.

　삼각형 ACD의 변 AC와 평행한 선을 그어서 삼각형을 만들어봅시다.

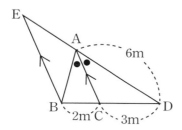

탈레스가 선분 AD의 연장선과 변 AC와 평행한 선 EB를 그렸습니다.

$$\overline{AC}//\overline{EB}$$

　변 AC와 변 EB가 평행합니다. 그런데 변 AE의 길이는 우리가 구하려는 변 AB의 길이와 같습니다. 왜 같은지 알아봅시다.

　평행한 선을 그으면 삼각형에 크기가 같은 동위각과 엇각이 생겨요. 스핑크스에게 동위각과 엇각을 표시하도록 합시다.

크기가 같은
동위각과 엇각을
표시해 볼게요!

동위각

엇각

스핑크스가 그린 동위각과 엇각을 한꺼번에 그려 봅시다.

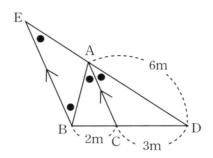

앞에서 배운 각의 성질을 응용해 보았을 때 네 부분의 각이
같아진다는 것을 알 수 있죠?

그림에서 삼각형 ABE를 보면 각 B와 각 E에 ●표시가 되
어 있습니다.

즉, ∠B = ∠E이므로 삼각형 ABE는 $\overline{AE} = \overline{AB}$인 이등변삼
각형입니다.

$\overline{DA} : \overline{AE} = \overline{DC} : \overline{CB}$

$6 : \overline{AE} = 3 : 2$

$3 \times \overline{AE} = 6 \times 2$이므로 변 AE의 길이는 4m입니다.

우리가 구하는 변 AB의 길이가 변 AE와 같으므로 변 AB
의 길이도 4m입니다.

평행한 직선에서의 길이의 비

지금 보이는 곳은 미니어처 테마파크의 롤러코스터가 있는 곳입니다.

여기서 롤러코스터 타 본 사람?

성희가 손을 들었습니다.

타고 나서 롤러코스터가 어떻게 움직였는지 기억해요?

"처음에는 털털거리며 천천히 위로 올라가요. 그러다가 아래로 뚝 떨어지면서 커다란 원을 두 번이나 돌았어요."

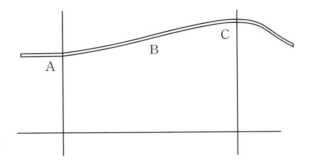

성희의 말처럼 롤러코스터가 천천히 움직이면서 지금 보이는 C의 위치까지 올라갑니다. 그러면 롤러코스터에 위치 에너지가 생겨요. 위치 에너지는 물체의 위치에 따라 생기는 에너지로 예를 들어, 1kg의 공을 1m 드는데 9.8J줄이라는 힘이 들었다면 이 공의 위치 에너지는 9.8J입니다. 높은 곳에 있을수록 더 큰 위치 에너지가 생긴답니다. 이 에너지가 롤러코스터에 힘을 주기 때문에 C의 위치에서 아주 빠른 속도로 떨어집니다. 떨어질 때 생기는 에너지가 열차가 원을 돌 수 있는 힘이 되는 거예요.

처음에는 롤러코스터가 레일의 위치 A에서 현재 있는 B까지 얼마나 움직였는지 구해 보겠습니다.

점 A, B, C를 지나는 평행선을 세 개 긋고 평행선에 의해 생긴 동위각을 표시해 봅시다.

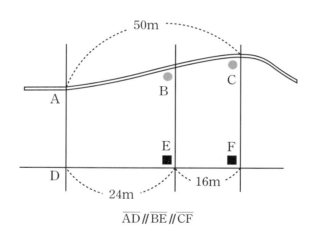

$$\overline{AD} /\!/ \overline{BE} /\!/ \overline{CF}$$

선을 그었는데도 닮음인 삼각형이 안 보이죠? 그래서 선을 더 그어 볼 거예요.

탈레스가 선분 DF와 평행한 선분 AF'를 그렸습니다.

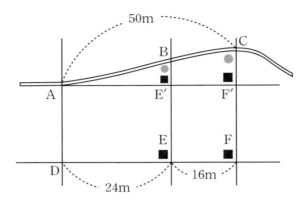

이제 닮음인 삼각형이 보이나요? 다음에는 삼각형 ABE′와
삼각형 ACF′를 봅시다. 삼각형 ABE′와 삼각형 ACF′에 각 ●
와 ■가 있습니다.

삼각형 ABE′와 삼각형 ACF′의 두 각의 크기가 같으므로 두
삼각형은 닮음임을 알 수 있습니다. 그리고 사각형 ADEE′와
사각형 ADFF′가 평행사변형이므로 $\overline{AE'} = \overline{DE}$이고 $\overline{DF} = \overline{AF'}$
입니다.

이제 닮음인 두 삼각형만 따로 그려 봅시다.

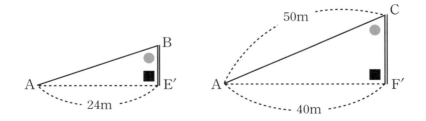

지금까지 대응변의 길이의 비가 같다는 것을 이용하여,

$\overline{AB}:50 = 24:40$

$40 \times \overline{AB} = 50 \times 24$

$\overline{AB} = 30m$임을 구해 보았습니다.

롤러코스터 레일에 평행선 3개를 그리면 닮음인 삼각형을 찾을 수 있습니다. 따라서 $\overline{AB}:\overline{AC} = \overline{AE'}:\overline{AF'}$라는 길이의 비가 성립했습니다.

즉 평행선 사이에 위치한 선분 사이에 일정한 길이의 비가 성립합니다.

이번 시간에 배운 내용을 정리해 볼까요?

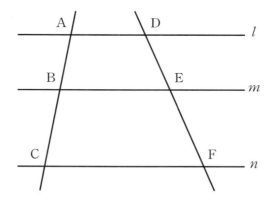

세 직선 l, m, n이 평행할 때 선분 DE와 평행한 선분을 그리면 닮음인 삼각형 ABE′와 ACF′가 생기죠? 삼각형 ABE′와 삼각형 ACF′가 닮음이므로 일정한 길이의 비가 성립합니다. 그리고 $\overline{AE'} = \overline{DE}$, $\overline{E'F'} = \overline{EF}$이므로 선분 DE와 선분 EF의 길이도 구할 수 있습니다.

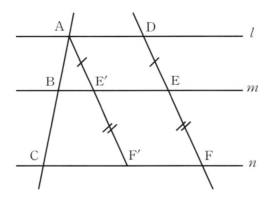

이번 시간에는 평행선을 이용하여 닮음인 삼각형을 찾아 닮음인 삼각형 사이의 대응변의 길이의 비를 구하는 방법을 알아보았습니다.

다음 시간에는 삼각형의 두 변의 중점을 연결했을 때 생기는 닮은 삼각형을 찾아보도록 하겠습니다. 다음 시간에 만나요.

❶ 삼각형의 변과 평행한 선을 그으면 닮음인 삼각형이 생깁니다.

❷ 평행선 사이에 평행한 선분을 그리면 닮음인 삼각형이 생깁니다.

삼각형의
중점 연결 정리

삼각형의 두 변의 중점을 이어서 생기는 변 사이에는
어떤 관계가 있을까요?
평행선 사이의 삼각형의 변의 길이의 비에 대해
알아봅시다.

1. 삼각형의 두 변의 중점을 이어 생긴 닮은 도형을 찾을 수 있습니다.
2. 삼각형의 중점 연결 정리를 이용하여 삼각형의 변의 길이를 구할 수 있습니다.

미리 알면 좋아요

중점 선분의 길이를 이등분하는 점으로 그림에서 중앙에 있는 점 M이 선분 AB의 중점입니다.

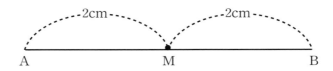

탈레스의
여섯 번째 수업

이번 시간에는 삼각형의 두 변의 중점을 이어서 생기는 변과 삼각형 사이의 관계에 대해 알아볼 거예요.

오늘 수업이 이루어지는 곳은 미니어처 테마파크의 프랑스

존입니다.

지금 보는 것은 '서양에서 가장 완벽하게 보존되어 있는 역사적 유물'이라는 평가를 받고 있

메모장

❻ 고딕 양식 12세기 중기에 그 싹이 터서 13세기에 프랑스와 영국에서 명확한 양식이 확립되었다. 그 뒤 2세기 동안 서유럽 전체에 전파되어 더욱 발전하고 변화하여, 15세기 초부터 이탈리아에서 형성된 르네상스 미술이 대표하는 근대 미술로 바뀔 때까지 존속하였다.
고딕이란 명칭은 르네상스의 이탈리아인이 중세 건축을 거칠고 야만적인 민족인 고트족이 가지고 온 것이라고 비난한 데서 유래한 것인데, 19세기 이래 서유럽 중세 미술의 한 양식을 가리키는 미술 사상美術史上의 용어로 등장하게 되었다.

는 샤르트르 성당입니다. 이 성당은 프랑스의 대표적인 고딕 양식❻ 건축물이에요. 성당 내부에는 장미 모양의 스테인드글라스인 '장미창'이 있는데, 서쪽의 장미창은 최후의 심판을, 남쪽은 영광의 그리스도를, 북쪽은 성모를 각각 그 주제로 하여 그려졌다고 합니다.

성의 높이 솟아 있는 첨탑을 봐 주세요.

첨탑의 중앙에 있는 창들이 보이나요?

창은 선분 AB와 선분 AC의 중앙에 있습니다.

중앙에 있는 창문 M과 N을 선으로 이어 봅시다.

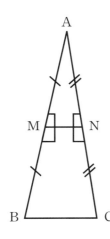

점 M와 점 N는 선분의 중앙에 있는 점인 중점이므로 $\overline{AM}$
$=\overline{MB}$, $\overline{AN}=\overline{NC}$입니다.

이제는 삼각형 ABC와 삼각형 AMN의 관계가 무엇인지 알
아보도록 하겠습니다. 두 삼각형을 종이에 그려 봅시다.

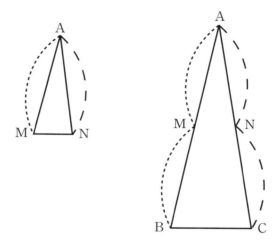

삼각형 ABC와 삼각형 AMN에는 각 A가 공통으로 있습니다.

그리고 M과 N이 변 AB와 AC의 중점이므로 $\overline{AM}:\overline{AB}=$
1:2, $\overline{AN}:\overline{AC}=1:2$입니다.

즉, 두 쌍의 대응변의 길이의 비가 일정하고 그 끼인각의 크
기가 같습니다. 이를 정리하면 삼각형의 닮음조건을 만족하는
SAS닮음임을 알 수 있습니다.

삼각형과 같은 닮음인 평면도형은 어떤 성질이 있다고 했죠?

"대응하는 변의 길이의 비가 일정하고, 대응하는 각의 크기
가 같아요."

두 삼각형의 대응변의 길이가 1:2로 일정하므로 $\overline{MN}:\overline{BC}$
$=1:2$입니다. 따라서 $2 \times \overline{MN} = \overline{BC}$입니다.

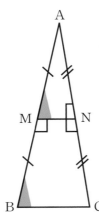

두 삼각형의 대응각의 크기가 같죠? 삼각형
ABC의 각 B와 대응하는 삼각형 AMN의 각 M
의 크기가 같습니다.

각 B와 각 M은 동위각이고 각의 크기도 같
으므로 선분 MN과 선분 BC는 평행합니다.
점 M과 점 N이 무슨 점이라고 했죠?

"중점이요."

이렇게 삼각형 두 변의 중점을 이으면 닮음비가 1:2인 삼

각형이 생깁니다. 따라서 두 삼각형의 길이의 비는 1:2입니다. 중점을 이은 선과 삼각형의 변이 평행한 것을 삼각형의 중점 연결 정리라고 합니다.

삼각형 ABC를 봐 주세요.

점 D, E, F가 중점일 때 삼각형 DEF의 세 변의 길이를 구하려고 합니다. 자, 그럼 앞에서 설명한 삼각형의 중점 연결 정리를 이용해 보겠습니다.

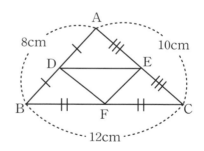

중점 D와 F를 이은 선분 DF를 봅시다.

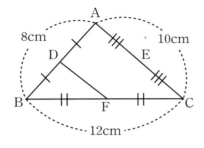

삼각형 두 변의 중점을 연결하였으므로 삼각형 DBF와 삼각형 ABC는 닮음비가 1:2입니다. 즉, 삼각형 DBF의 선분의 길이를 두 배 늘리면 삼각형 ABC가 됩니다. 선분 DF의 길이를 2배로 늘려서 10cm이므로 선분 DF의 길이는 5cm입니다.

이번에는 중점 D와 E를 이어 봅시다.

삼각형의 중점 연결 정리에 의해 삼각형 ADE와 삼각형 ABC는 닮음비가 1:2입니다. 마찬가지로 삼각형 ADE의 길이들을 두 배로 늘리면 삼각형 ABC가 됩니다. 선분 DE의 길이가 두 배 길어져서 선분 BC가 되었으므로 선분 DE의 길이는 6cm입니다.

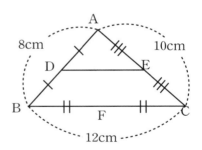

중점 E와 F를 이었습니다.

삼각형의 중점 연결 정리에 의해 삼각형 CFE와 삼각형 CBA는 닮음비가 1:2인 닮음인 삼각형임을 알게 되었습니다. 선분 EF를 몇 배 늘리면 선분 AB가 되죠?

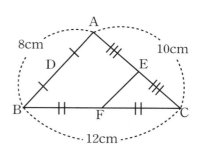

"2배요."

네, 삼각형의 중점 연결 정리는 언제나 닮음비가 1:2인 삼각형을 만들어요. 선분 EF를 두 배 늘려서 8cm가 되므로 선분 EF의 길이는 4cm입니다.

사다리꼴의 중점 연결 정리

이번에는 미니어처 테마파크의 미국존으로 이동해 봅시다.

지금 보이는 건축물은 미국의 록펠러 센터입니다. 이 건축물은 뉴욕 시 맨해튼 중심가에 있으며 벽화, 모자이크, 조각 등의

예술품과 현대적인 건축이 통합된 현대 건축물입니다. 록펠러 센터라는 이름에서 예상할 수 있듯이 이 건축물은 미국의 자선 사업가 록펠러가 지은 것이에요. 록펠러는 제2차 세계 대전 중에 연방봉사단_{미군들과 그 가족들을 도와주는 기관}을 만드는

일을 도왔어요. 또한 UN본부가 미국에 위치하는 데 결정적인 역할을 했습니다.

미니어처 록펠러 센터 앞면에 사다리꼴 ABCD가 보이죠? 사다리꼴의 윗변 선분 AD의 길이는 2m이고 아랫변의 선분 BC의 길이는 4m입니다.

이 중간 부분의 폭이 얼마나 되는지 알아봅시다.

중간 부분은 선분 AB의 길이를 반으로 나눈 점 M과 선분 CD를 반으로 나눈 점 N을 이은 부분인 선분 MN입니다. 지금까지 배운 삼각형의 중점 연결 정리를 응용하면 중간 부분의 폭을 충분히 구할 수

있답니다. 하지만 삼각형이 보이지 않죠? 그래서 삼각형을 찾기 위해 점 A와 점 C를 이어 선분을 하나 그렸어요.

점 E도 선분 AC의 중점이 됩니다.

이제 삼각형의 중점 연결 정리를 이용하여 닮음비가 1:2인 삼각형을 찾으면 선분 MN의 길이를 구할 수 있습니다.

삼각형 ABC의 중점인 M과 E가 연결되었죠?

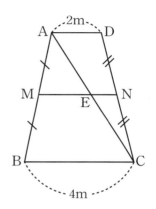

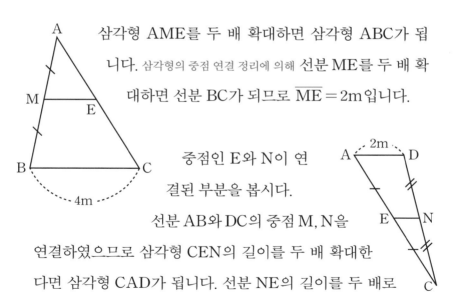

삼각형 AME를 두 배 확대하면 삼각형 ABC가 됩니다. 삼각형의 중점 연결 정리에 의해 선분 ME를 두 배 확대하면 선분 BC가 되므로 $\overline{ME} = 2m$입니다.

중점인 E와 N이 연결된 부분을 봅시다.

선분 AB와 DC의 중점 M, N을 연결하였으므로 삼각형 CEN의 길이를 두 배 확대한다면 삼각형 CAD가 됩니다. 선분 NE의 길이를 두 배로 늘리면 2m가 되므로 선분 NE의 길이는 1m입니다.

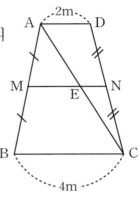

선분 ME의 길이가 2m이고 선분 EN의 길이가 1m이므로 선분 MN의 폭은 3m입니다.

이번 시간에 배운 내용을 정리해 보겠습니다. 먼저 삼각형의 중점을 연결하면 닮음비가 1:2인 삼각형이 생긴다는 것을 배웠어요.

지금까지 닮음인 삼각형과 관련해서 배운 내용은 닮음인 삼각형을 찾을 수 있는 방법인 삼각형의 닮음조건 SSS, SAS, AA닮음, 삼각형의 변과 평행한 선분을 삼각형 내에 그었을 때 생기는 선분의 길이의 비, 평행한 선에서 적당한 평행선을 그어 생기는 삼각형 사이의 변의 길이의 비를 구하는 것, 그리고 이번 시간에 배운 중점 연결 정리입니다. 닮음인 삼각형이 가지는 여러 가지 성질들을 잘 살펴보고 다시 한번 정리해 본다면 확실히 알 수 있을 거예요. 다음 시간에는 닮은 도형 사이에 넓이와 부피는 어떤 관계가 있는지 알아보겠습니다.

수업 정리

❶ 삼각형의 두 변의 중점을 이으면 닮음비가 1:2인 삼각형이 생기므로 작은 삼각형과 큰 삼각형의 대응변 길이의 비는 1:2 입니다.삼각형의 중점 연결 정리

❷ 삼각형의 중점 연결 정리를 이용하면 모르는 변의 길이를 구할 수 있습니다.

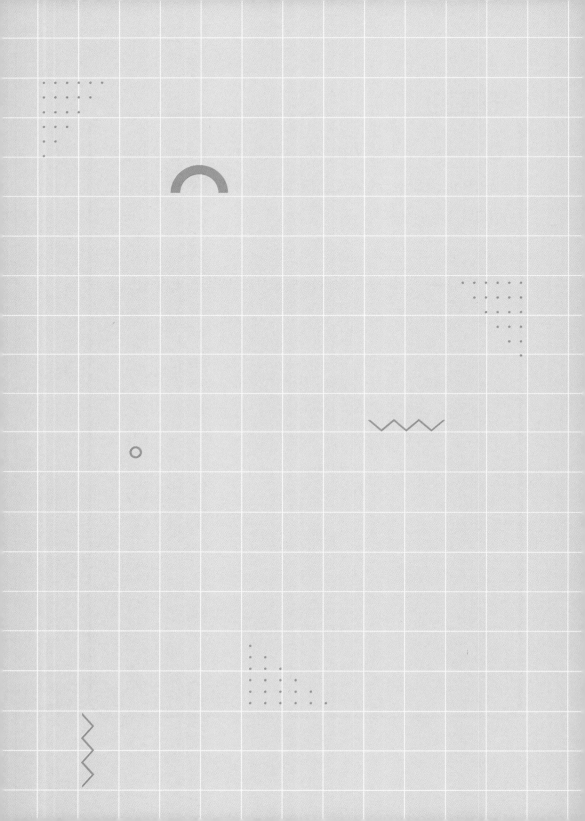

닮은 도형의
둘레의 길이의 비,
넓이비, 부피비

닮음비가 1:2인 도형의 둘레의 길이의 비,
넓이비, 부피비를 구할 수 있을까요?
닮음비를 이용하여 넓이비와 부피비를 구해 봅시다.

닮음비를 응용하여 두 닮음 도형의 둘레의 길이의 비와 넓이비, 부피비를 구할 수 있습니다.

미리 알면 좋아요

1. **넓이** 평면의 크기를 나타내는 양으로 면적을 나타냅니다.

2. **부피** 도형이 차지하는 공간의 크기를 말합니다.

탈레스의
일곱 번째 수업

　오늘은 닮음에 대한 마지막 수업을 하겠습니다. 여러분과 공부하는 마지막 시간이라니 많이 아쉽군요. 우리는 지금까지 미니어처 테마파크를 견학하면서 닮음인 도형도 찾아보고 닮음인 삼각형을 찾는 방법도 공부했어요. 그리고 평행선을 그어 닮음인 삼각형을 찾는 방법 등 많은 것을 배웠습니다. 오늘은 지금까지 배운 것을 돌아보면서 닮음인 도형들의 둘레의 길이의 비와 넓이비, 부피비를 구할 거예요.

지금 여러분이 있는 곳을 둘러봅시다. 프랑스존에 있는 샤르트르 성당이죠?

중앙의 창들을 이으면 닮음비가 1:2인 삼각형이 생긴다고 했습니다.

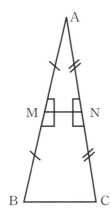

삼각형 AMN과 삼각형 ABC의 둘레를 구해 봅시다.

우선 삼각형 AMN의 세 변을 그려 봅시다.

A————————M M⌒————N N⌒————————A

삼각형 ABC는 삼각형 AMN의 변을 두 배 확대하여 그린 것이므로 세 변은 다음과 같이 그려집니다.

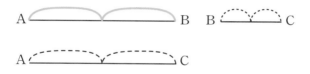

삼각형 AMN과 삼각형 ABC의 세 변을 더해서 그린 것을 비교해 봅시다.

삼각형 AMN:

삼각형 ABC:

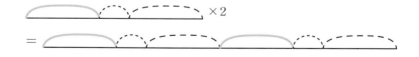

삼각형 AMN의 모든 변을 더한 길이를 두 배하면 삼각형 ABC의 둘레의 길이와 같아집니다.

삼각형 AMN의 둘레의 길이 : 삼각형 ABC의 둘레의 길이 = 1:2입니다.

두 삼각형의 닮음비가 1:2였죠? 둘레의 길이의 비도 닮음비와 같이 1:2입니다. 즉, 닮은 도형의 길이의 비와 둘레의 길이의 비는 같습니다.

닮은 도형의 넓이의 비

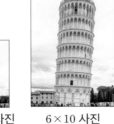

3×5 사진   6×10 사진

탈레스가 두 장의 사진을 꺼내 들었습니다.

지금 여러분이 보는 것은 피사의 사탑의 사진입니다. 두 사진은 그 크기의 닮음비가 1:2입니다. 그러면 두 사진의 넓이의 비는 닮음비의 숫자를 각각 두 번 곱한 1×1:2×2입니다. 즉 1:4입니다. 왜 그럴까요? 직접 두 사진을 비교해 봅시다.

3×5 사진 가로의 길이는 3인치입니다. 그리고 6×10 사진의 가로의 길이는 6인치입니다. 6인치는 3인치의 두 배입니다. 그럼 6×10 사진의 가로에 3×5 사진을 넣으면 몇 개가 들어갈 수 있는지 봅시다.

탈레스가 6×10 사진의 가로에 3×5 사진을 넣어 봅니다.

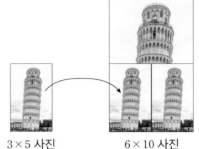

3×5 사진   6×10 사진

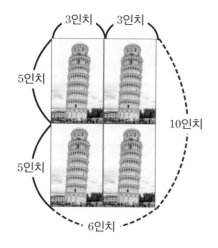

3인치   3인치

5인치

10인치

5인치

6인치

3×5 사진을 6×10 사진의 가로에 넣어 보면 두 개가 들어갑니다. 마찬가지로 세로에도 두 개가 들어갈 수 있습니다.

즉 전체적으로 네 개가 더 들어갈 수 있어요.

6×10 사진에 3×5 사진이 4장이 들어가므로 3×5 사진의 넓이가 4배가 되어야 6×10 사진의 넓이와 같아진다는 것을 알 수 있습니다. 따라서 두 사진의 넓이의 비는 $1:4$입니다.

이번에는 직접 넓이❼를 구해 봅시다.

3×5 사진의 넓이는 $3 \times 5 = 15$입니다.

6×10 사진의 넓이는 $6 \times 10 = 60$입니다.

두 도형의 넓이의 비는 $15:60$이므로 $1:4$라는 것을 알 수 있습니다.

따라서 닮음비가 $m:n$으로 주어지면 넓이의 비는 닮음비의

메모장
❼ 넓이 평면의 크기를 나타내는 양으로 면적.

숫자를 각각 두 번씩 곱한 $m \times m : n \times n$입니다.

닮음비가 $m:n$인 도형의 넓이의 비는 $m \times m : n \times n$이다.

반지름이 20cm인 레귤러 사이즈 피자의 가격은 4,000원입니다. 반지름이 30cm인 라지 사이즈 피자의 가격은 얼마인지 구해 봅시다. 물론 피자의 가격은 피자의 크기가 2배, 3배……가 되면, 가격도 2배, 3배……로 되는 정비례 관계입니다.

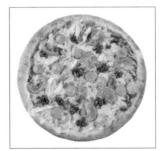

두 피자의 반지름의 길이의 비가 20:30이므로 2:3입니다.

따라서 두 피자의 넓이의 비는 닮음비 2:3의 숫자를 각각 제곱하므로 $2 \times 2 : 3 \times 3$이므로 4:9입니다.

피자의 넓이와 가격은 정비례하고 레귤러 사이즈 피자의 가격이 4,000원이므로 라지 피자의 가격은 9,000원입니다.

닮은 도형의 부피의 비

이번에는 닮은 입체도형의 부피의 비를 닮음비를 이용하여 구해 봅시다.

메모장

❽ 부피 도형이 차지하는 공간의 크기.

닮음비가 $m:n$이라고 주어지면 닮은 도형들의 부피❽의 비는 닮음비의 숫자를 각각 세 번씩 곱한 $m \times m \times m : n \times n \times n$입니다.

두 닮은 도형을 보면서 부피비를 구해 봅시다.

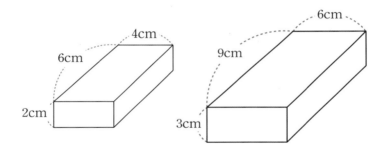

두 도형의 높이는 2cm와 3cm이므로 길이비가 2:3입니다.

가로의 길이를 보면 4cm와 6cm이므로 길이의 비는 2:3입니다.

마찬가지로 세로의 길이는 6cm와 9cm이므로 길이비가 2:3입니다.

이 내용들을 정리하면 두 입체도형은 닮음비가 2:3인 닮음 도형이라는 결과가 나옵니다. 두 입체도형 안에 가로, 세로, 높이가 1cm인 도형, 즉 부피가 1cm³인 입체도형을 넣어 봅시다.

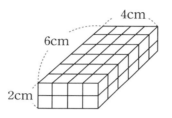

가로에 4개, 세로에 6개 들어간 것이 2층으로 되어 있으므로 총 $2 \times 4 \times 6 = 48$개가 들어갑니다. 따라서 이 입체도형의 부피는 48cm³입니다.

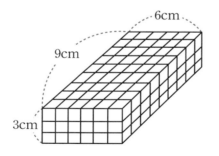

가로에 6개, 세로에 9개 들어간 층이 모두 3층이므로 $6 \times 9 \times 3 = 162$개가 들어갑니다. 따라서 이 입체도형의 부피는

162cm^{3}입니다.

두 개의 부피를 비교하면 48:162이므로 8:27입니다.

닮음비를 세 번 곱하여 8:27이 나오는지 확인해 봅시다.

닮음비가 2:3이었으므로 닮음비의 각 숫자를 세 번씩 곱하면 $2 \times 2 \times 2 : 3 \times 3 \times 3$이 됩니다. 그리고 그 비는 8:27입니다.

따라서 닮음비가 $m:n$인 도형의 부피의 비는 $m \times m \times m : n \times n \times n$입니다.

닮음비가 $m:n$인 도형의 부피의 비는 $m \times m \times m : n \times n \times n$이다.

탈레스가 부피가 27인 아이스크림을 나누어 주었습니다.

학생들이 탈레스에게 받은 아이스크림의 껍질을 벗기는 동안 탈레스는 아이스크림의 원래 높이의 $\frac{1}{3}$이 될 정도로 먹었습니다.

내가 들고 있는 아이스크림의 부피는 얼마일지 구해 봅시다.

두 아이스크림이 닮음이고 높이가 $\frac{1}{3}$로 축소되었으므로 두 아이스크림의 닮음비는 1:3입니다. 즉 부피의 비는 $1 \times 1 \times 1 : 3 \times 3 \times 3$ 즉 1:27입니다.

두 아이스크림의 부피의 비가 1:27이므로 먹기 전의 아이스크림의 부피는 27입니다. 그리고 구하려는 아이스크림의 부피는 1입니다.

① 닮음비와 도형의 둘레의 비는 같습니다.

② 닮음비가 $m : n$인 도형의 넓이의 비는 $m \times m : n \times n$입니다.

③ 닮음비가 $m : n$인 도형의 부피의 비는 $m \times m \times m : n \times n \times n$입니다.

탈레스가 들려주는 닮음 이야기

각도와 길이로 만든 닮은 도형

ⓒ 나소연, 2008

2판 1쇄 인쇄일 | 2024년 2월 16일
2판 1쇄 발행일 | 2024년 2월 23일

지은이 | 나소연
펴낸이 | 정은영
펴낸곳 | (주)자음과모음

출판등록 | 2001년 11월 28일 제2001-000259호
주소 | 10881 경기도 파주시 회동길 325-20
전화 | 편집부 (02)324-2347, 경영지원부 (02)325-6047
팩스 | 편집부 (02)324-2348, 경영지원부 (02)2648-1311
e-mail | jamoteen@jamobook.com

ISBN 978-89-544-5018-8(43410)

사진 - Pexls.com